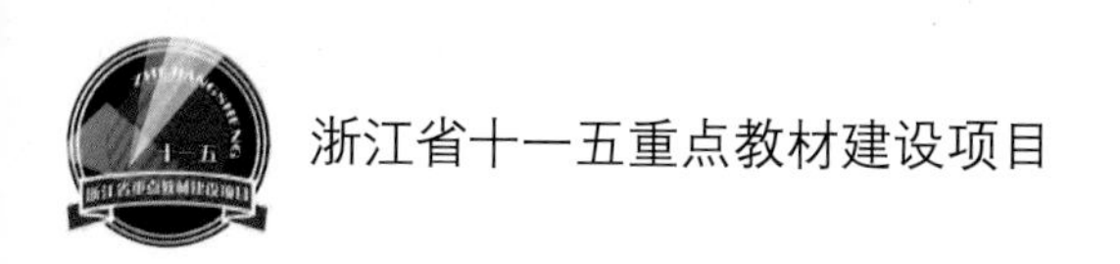

浙江省十一五重点教材建设项目

花艺环境设计

钱长根　张金锋　主编

ZHEJIANG UNIVERSITY PRESS
浙江大学出版社

图书在版编目(CIP)数据

花艺环境设计 / 钱长根，张金锋主编. 一杭州：浙江大学出版社，2011. 11（2012. 5重印）

ISBN 978-7-308-09267-8

I. ①花… II. ①钱… ②张… III. ①花卉装饰-高等职业教育-教材 IV. ①S688. 2

中国版本图书馆CIP数据核字(2011)第223147号

花艺环境设计

钱长根　张金锋　主编

责任编辑　杜玲玲
封面设计　续设计
出版发行　浙江大学出版社
（杭州市天目山路148号　邮政编码310007）
（网址：http://www.zjupress.com）
排　　版　浙江时代出版服务有限公司
印　　刷　杭州杭新印务有限公司
开　　本　787mm×1092mm　1/16
印　　张　14.75
字　　数　340千
版 印 次　2011年11月第1版　2012年5月第2次印刷
书　　号　ISBN 978-7-308-09267-8
定　　价　58.00元

浙江大学出版社发行部邮购电话（0571）88925591

《花艺环境设计》编写组成员名单

主　编　钱长根（嘉兴职业技术学院）

　　　　张金锋（嘉兴职业技术学院）

副主编　韦海忠（台州科技职业学院）

　　　　吕郁芳（丽水职业技术学院）

　　　　邹春晶（杭州职业技术学院）

　　　　周丽娟（嘉兴职业技术学院）

参　编　范丽艳（嘉兴园林规划设计院）

　　　　顾春燕（嘉兴天香花苑花卉有限公司）

　　　　谷筱华（嘉兴市提香花苑花店）

审　稿　吴龙高（浙江省花卉协会零售业插花花艺分会）

前 言

工学结合人才培养模式作为高等职业院校人才培养的重要模式之一已经得到广泛认同，专业人才培养目标最终要通过具体专业课程来实现，不同专业设置本质上对应的就是不同专业课程体系的设置，因此，“工学结合一体化课程”的开发与实践是培养高素质、高技能应用型人才的核心，而“工学结合一体化教材”的开发则是工学结合课程开发与实践的“重中之重”。

“工学结合一体化课程”是将理论学习和实践学习结合成一体的课程，其核心特征是“理论学习和实践学习相结合，促进学生认知能力发展和建立职业认同感相结合，科学性与实用性相结合，符合职业能力发展规律与遵循技术和社会规范相结合，学校教育和企业实践相结合”，简而言之就是“学习的内容是工作，通过工作实现学习，即工作和学习是一体化的”，“工学结合一体化教材”也应该体现“工作和学习一体化”的指导原则。

2006年12月，劳动和社会保障部颁布了第15批国家职业标准目录，其中“花艺环境设计师（职业编码X2-02-23-11）”作为新职业首次亮相，引起强烈反响，“花艺环境设计师”职业定义为“应用各种观赏植物材料或其他装饰性花材，从事室内外空间布局设计，组织花艺及园林工程施工和保养等工作的人员”；花艺环境设计师从事的主要工作内容为“提供花艺环境设计项目可行性分析、设计方案咨询及造价咨询；应用各类观赏植物材料配合其他装饰性材料对该区域进行布局设计；现场配合实施花艺环境营造，对各类花卉植物种植与搭配设计提供实施方案；解决花艺环境施工中产生的各类问题；按设计要求验收花艺环境施工项目”；花艺环境设计师的职业要求为：大专以上学历，具有园林绿化大型项目实际工作经验及相关专业执业资格证书，熟悉鲜花、仿真花的花艺制作，熟悉婚礼、会议、酒店的布置，环境花艺设计、各类橱窗设计等。

本教材编写以“工学结合一体化”为根本指导方针，遵循学生认知能力发展和建立职业认同感相结合，教材内容紧跟时代潮流，与时俱进，摒弃传统教材的章节安排模式，以学习情境为编写单元，将“花艺环境设计”这一工作领域划分为六个学习情境加以编排，每个学习情境内按照任务单、咨询单、信息单、计划单、决策单、材料工具清单、实施单、评价单、教学反馈单的顺序进行编排，更加符合学生高职学生的认知规律，促进学生专业能力和社会能力的提高。

本教材编写分工如下：钱长根、邹春晶负责编写“学习情景1：基础插花与花艺创作”；张金锋、谷筱华负责编写“学习情景2：婚礼花艺设计与制作”；钱长根、韦海忠负责编写“学习情景3：会场花艺环境设计与制作”；张金锋、顾春燕负责编写“学习情景4：庆典花艺环境设计与施工”；吕郁芳负责编写“学习情景5：丧礼花艺设计与制作”；周丽娟、范丽艳负责编写“学习情景6：庭院花艺环境设计与施工”。

在教学计划安排中，建议将《花艺环境设计》课程列为“商品花卉专业”主干课程，两个学期将本课程讲授完成，共128个学时，计8学分，每学期16周上课时间，每周安排4个学时，每学期64个学时。

本教材在编写过程参考了大量文献和图书资料，在此向所有参考文献的著作者表示衷心感谢！

由于编者水平有限，书中疏漏、错误及不足之处在所难免，盼望专家学者及广大读者给以批评指正。

目　录

前　言…………………………………………………………………… 1

学习情境1：基础插花与花艺创作

任务单…………………………………………………………………… 3
资讯单…………………………………………………………………… 5
信息单…………………………………………………………………… 6
1．插花艺术基础概念 ……………………………………………… 6
2．插花艺术的基本构图类型 ……………………………………… 23
3．现代花艺理念和技法 …………………………………………… 43
计划单…………………………………………………………………… 53
决策单…………………………………………………………………… 55
材料工具清单…………………………………………………………… 57
实施单…………………………………………………………………… 59
评价单…………………………………………………………………… 61
教学反馈单……………………………………………………………… 63

学习情境2：婚礼花艺设计与制作

任务单…………………………………………………………………… 67
资讯单…………………………………………………………………… 69
信息单…………………………………………………………………… 70
1．婚礼花艺设计理念 ……………………………………………… 70
2．婚礼花艺设计和制作的主要内容 ……………………………… 71
计划单…………………………………………………………………… 89
决策单…………………………………………………………………… 91
材料工具清单…………………………………………………………… 93
实施单…………………………………………………………………… 95
评价单…………………………………………………………………… 97
教学反馈单……………………………………………………………… 99

学习情境3：会场花艺环境设计与制作

任务单…………………………………………………………………… 103
资讯单…………………………………………………………………… 105
信息单…………………………………………………………………… 106
1．会场花艺设计理念 ……………………………………………… 106
2．会场花艺设计和制作的主要内容 ……………………………… 107
计划单…………………………………………………………………… 115
决策单…………………………………………………………………… 117

材料工具清单…… 119
实施单…… 121
评价单…… 123
教学反馈单…… 125

学习情境4：庆典花艺设计与施工

任务单…… 129
资讯单…… 131
信息单…… 132
1. 庆典花艺设计理念 …… 132
2. 庆典花艺设计与施工案例 …… 134
计划单…… 137
决策单…… 139
材料工具清单…… 141
实施单…… 143
评价单…… 145
教学反馈单…… 147

学习情境5：丧礼花艺设计与制作

任务单…… 151
资讯单…… 153
信息单…… 154
1. 丧礼花艺设计理念 …… 154
2. 丧礼花艺设计和制作的主要内容 …… 154
计划单…… 167
决策单…… 169
材料工具清单…… 171
实施单…… 173
评价单…… 175
教学反馈单…… 177

学习情境6：庭院花艺环境设计与施工

任务单…… 181
资讯单…… 183
信息单…… 185
1. 庭院花艺环境设计理念 …… 185
2. 庭院花艺环境设计施工案例 …… 205
计划单…… 217
决策单…… 219
材料工具清单…… 221
实施单…… 223
评价单…… 225
教学反馈单…… 227
主要参考文献…… 228

学习情境1

基础插花与花艺创作

任 务 单

【学习领域】

花艺环境设计

【学习情景1】

基础插花与花艺创作

【建议学时】

32

【布置任务】

学习目标：

1．能够了解插花的发展历史和风格流派。

2．能够认识和熟练使用插花工具。

3．能够识别常见插花花材。

4．能够在插花制作过程中严格遵照比例、尺寸、色彩搭配等原则。

5．能够绘制十个常见基本花型的正面图和侧面图。

6．能够掌握十个常见基本花型的插作方法（三角型、扇型、半球型、水平型、倒T型、L型、弯月型、S型、圆锥型、不等边三角型）。

7．能够在插花作品中恰当运用现代插花花艺技法。

任务描述：

大学生开始了暑期的顶岗实习，来自不同学校园艺专业的学生陆续来到一家大型连锁花店，寻找就业的机会。店主人想留下优秀者。现针对报名者实行考试，录用动作最熟练，基本技能最强,同时又能够有所创新的佼佼者在花店工作。

1．识别花店内的切花花材。

2．掌握常见花材的保鲜与造型处理手法。

3．任意制作目前商业插花中经常用到的十个花型中的一两个花型。

4．制作一个现代风格的插花作品，要经济美观。

【学时安排】

资讯4学时

计划4学时

决策4学时

实施16学时

评价4学时

【提供资料】

1．谢利娟．插花与花艺设计．北京：中国农业出版社，2007

2．曾端香．插花艺术．重庆：重庆大学出版社，2006

3．阿瑛．花艺课堂．长沙：湖南美术出版社，2008

4．王立平．基础插花艺术设计.北京：中国林业出版社，2006

5．蔡仲娟．高级插花员职业资格培训教材．北京：中国劳动和社会保障出版社，2007

6．梅星焕.家庭插花艺术.上海：上海科技教育出版社，2001

7．朱迎迎.插花艺术.北京：中国林业出版社，2003

8．王绍仪.宾馆酒店花艺设计.北京：中国林业出版社，2006

9．蔡俊清.现代风架构花艺欣赏.园林，2006.1

【学生要求】

1．理解插花花艺设计相关理念。

2．掌握插花相关工具的正确使用方法和技巧。

3．掌握常见插花花材的造型、保鲜处理手法和技巧。

4．自尊、自信、尊重父母、尊重客户、尊重教师。

5．爱护插花工具、花材和辅材，物尽其用、避免浪费。

6．本学习情景工作任务完成后，提交资讯单、评价单和教学反馈单。

资讯单

【学习领域】

花艺环境设计

【学习情境1】

基础插花与花艺创作

【学时】

32

【资讯方式】

在图书馆、专业刊物、互联网络及信息单上查询问题；资讯任课教师

【资讯问题】

1. 简述插花定义和分类。

2. 花材根据外形可分为哪几类，分别举2～3例，说明其作用。

3. 简述插花常用工具、花器种类、插花花材的分类。

4. 认识常见的切花材料。

5. 简述艺术插花的基本原则。

6. 简述艺术插花的制作程序。

7. 简述艺术插花的四种基本形式：直立式、倾斜式、平卧式、悬崖式艺术插花各自的艺术特点和制作要点。

8. 简述艺术插花的基本技法。

9. 简述现代花艺常用的技法。

10. 举例说明艺术插花创作中的色彩配置。

11. 如何进行花材形状的分类，并根据其形状正确使用花材进行插作。

12. 怎样对插花作品进行意境分析与命名。

13. 如何区别不同风格的插花作品。

【资讯引导】

1. 问题1—8可以参考在谢利娟主编的《插花与花艺设计》。

2. 问题9—11参考蔡仲娟主编的《初中级插花员职业资格培训教材》和曾端香主编的《插花艺术》。

3. 问题12—13可以参考范洲衡、郑志勇主编的《插花艺术》。

信 息 单

【学习领域】

花艺环境设计

【学习情境1】

基础插花与花艺创作

【学时】

32

【信息内容】

1. 插花艺术基础概念

“插花”是一个专用名词，在中国称“插花”，在日本称“花道”，在西方称“花艺”基本上是一个概念。

插花是一门古老而又新奇的艺术，它由来已久，无论东方或西方，至少都有一二千年的历史。人们以剪切植物为素材，经过艺术加工，赋予这些素材文化内涵，形成了一门独特的艺术——插花艺术。

插花艺术与书法、绘画等平面艺术不同，它是一门立体艺术，但又与雕塑、建筑等立体艺术不同，它是一门有生命的立体艺术。

插花艺术是一门学科，也是一个创意产业。对于一个插花者来说，需要掌握构图、色彩、植物学、文学，甚至材料、光学、力学等多方面的知识，加以综合应用，才能创作出好的插花艺术作品。在西方，花艺设计师都要经过大学本科或大学专科学历教育，经过2～3年的实践操作，才能取得相应职业资格证书。在我国，近几年来，在北京、上海等地的一些高等院校，也开设了插花花艺大专班，为社会上紧缺的高级插花人才的培养搭建了一个平台。相信随着文明社会的建设和小康生活的需求，社会将需要大批插花人才，尤其是高级插花人才。

1.1 插花艺术的概念

将鲜切花插入容器中，用水贮养起来，以供观赏叫插花。插花艺术是按照创作的主题或环境布置的要求，以剪切下来的植物器官（花、叶、茎、根、果等）为主要素材，通过一定的技术（修剪、整枝、弯曲等）处理和艺术加工（构思、造型、配色），配以合适的花器、几架、配件或架构等，来表达作者对自然、生活、社会等思想情感的一门造型艺术。

随着插花艺术的不断发展，人们将更为新奇的创作理念、丰富多彩的表现手法和各式材料应用于插花创作之中，插花所使用的材料不再局限于植物的花朵，只要有观赏价值的植物性材料或非植物性材料（绢花、塑料花、干燥花以及其他材料）均可用于插花；容器及几架是传统插花作品中重要的组成部分，而在现代插花中已明显淡化；现代插花可以使用花器，也可以不使用花器；配件在插花作品中起到衬托及画龙点睛的作用，但不是必须使用，插花的体量更是日趋大型化，更多注重装饰性和时代感。

1.2 插花艺术的历史

插花起源于人类爱美的天性。中国是世界上插花最早的国家之一。插花艺术究竟是如何兴起的，目前尚无法定论。因为插花艺术属于瞬间的创作与欣赏活动，时间制约性强，加之摄影等技术发明时间不长，因而无法对其进行历史考证，但可以肯定的是东方式插花源于中国，西方式插花源于古埃及。世界上的两大插花流派即东方插花艺术和西方插花艺术，不但在插花风格上各异，而且各自是沿着不同的历史轨迹发展而来的。

1.2.1 东方式插花艺术发展简史

东方式插花艺术以中国插花和日本插花为代表。

（1）中国插花简史

古训道“欲知大道，必先知史，知之愈多，爱之愈深”，只有了解中国传统插花艺术的起源和发展历程，我们才能对自己的民族插花“知之愈多，爱之愈深”，才谈得上将之发扬光大。中国传统插花艺术源远流长，博大精深，有三千多年的发展历史。

上古时期（公元前11世纪—公元前6世纪），在我国民间已有原始的插花意念，并流行着多种形式的插花。我国的第一部诗歌总集《诗经》中就有大量以花传情，装饰仪容的歌谣。特别是战国时期屈原的经典之作《楚辞》中，描述了车披花草，手拿鲜花，赠其所思，表其所爱的盛况。西汉年间（公元前206年—公元23年），随着佛教的传入，原始插花意念与佛前供花，佛教礼仪相结合，插花随之进入一个新的阶段。公元5世纪《南史》载：“有献莲华供佛者，众僧以罂盛水，渍其茎，欲华不萎。”六朝时期（公元200—589年），北周诗人庾信作《杏花诗》云：“春色方盈野，枝枝绽翠英。依稀映村坞，烂漫开山城。好折待宾客，金盘衬红琼”。又“小船行钓鲤，新盘待摘荷。兰臬绕悦架，何处有凌波”。说明已有采折花枝（杏花与荷花）入盘待客会友的习俗。当然，这时只是将花“放”或“养”在器皿中，还谈不上“制作”或“安排”的艺术境界，真正的插花，在隋唐时期才开始流行。

隋唐时期，讲究花要插得好、配得妙，且讲究花器。对花材赋予个性与格调、意义与象征，并视格调高低和象征意义，审慎地调配和择取花材，追求多层次、多角度的艺术效果，雍容华贵、富丽堂皇是其主要风格。此时盛行花器之下配置精美的台座，背景悬挂书画，形成“花画合一”、“书花合一”。把插花作品当做环境的装饰品，也当做文化艺术品，起到赏心悦目、畅神达意的作用。罗虬的《花九锡》中将“玉缸、雕文台座、画图、翻曲、美醑、新诗”分列其中，并详细记载了唐代皇宫中插作牡丹花过程以及饮酒赏花的过程——酒赏。由于陶瓷制作技艺的改革和发展，瓷瓶养花已广泛使用。“对花吟诗”、“对花饮酒”是文人的雅兴。“深红浅白宜相间，先后仍须次第栽；我欲四时携酒赏，莫教一日不开花”。从欧阳修的诗中,可以看出,插花百瓶,醉饮其间的“插花饮酒”，列为生活情趣美谈。不仅在室内,往往出外郊游时也“中置桌凳,列笔床、香鼎、盆玩、酒具、花樽之属”。从隋唐一直到五代、宋，面对插花，乐声响起，把酒问天，写诗赋词，其乐融融，天不醉人醉，地不醉花醉为赏花最高境界。且与“烧香、点茶、排置”同称生活四艺，是每人自小就应具备的修养。

唐代是中国插花的黄金时代，以富丽堂皇的宫廷插花为主，主要花材以形体硕大，华丽的牡丹为主。

五代，应运而生了卖花郎与花师，并达到诗人杜牧“杏园”中所谓的“满城多少插花人”的境地，郭江洲发明创造了易于固定花材的占景盘。南唐后主李煜举办“锦洞天”之类的大型插花展览。韩熙载推出“五宜”之说，并依照不同的花材配置不同香料的焚香而将视觉美与嗅觉美融为一体，插花发展为嗅觉与视觉共鸣的境界——香赏。认为插花与燃香相互作用，风味相投，相得益彰，妙不可言。这种欣赏方式一直盛行到宋、元二代。

宋代，插花风气更盛，以清雅脱俗的文人插花为主要特点，无论是民间还是文人。关于插花的优美诗篇比比皆是。如诗人杨万里的诗曰：“路旁野店两三家，清晓无汤况有茶。道是渠浓不好了，青瓷瓶插紫薇花。”苏辙的诗曰：“春秋种菊助磐蔬，秋晚开花插满壶”等。南宋时期又是竹筒插花的鼎盛时期，后传入日本，在日本花道中占有重要位置。人们追求永恒至美的生活境界，将瓶花赋予绝对的生命与至高的地位，花事活动频繁，规模惊人。当时的酒楼、茶肆无不用插花来招徕顾客。

元代，战乱频仍，民不聊生，只有少数人插花玉斋，借花消愁，偏重以情为出发点，出现了“心象花”和“自由花”，用主观而富感情的表现手法来处理花材，流露个人对社会的无奈及返璞归真的心理，从而加深了插花作品的内涵，更具艺术之美。

明代，天下统一，是中国历史上插花发展的鼎盛时期，从庄严富丽的堂花、理念花，到简洁清新、色调淡雅的文人花，不仅达到相当高的水平，而且普及民间，并与品茗艺术相结合，称之为“茶花”——茗赏,从而达到了赏花的最高境界。高濂的《瓶花三说》论述了作品与环境、容器与花材的比例尺度关系，容器、花材的选择，花材的组合与造型，作品陈设应遵循的原则。1599年袁宏道编写《瓶史》一书，提出了“取花如取友”的论点，强调了花材选取的重要性，以花造型，以形传神，形神兼备，“虽由人作，宛自天开”。在选取精美容器的同时，要“花与瓶相称”，“瓶与室结合”。插花时要崇尚自然、师从自然，讲究“参差不伦，意态天然”高度概括了插花艺术的精粹。“茗赏者上也，谭赏者次也，酒赏者下也”。欣赏插花作品以品茶赏花最好，如果近酒弃茶，并夹杂庸俗粗俗的行为和语言，这是令花神极为讨厌的 ，宁可闭口静坐，也不要招惹花神的恼恨。茗赏，不仅格调高雅，还能保持鲜花的清新艳美。“采尽名花作花屏，汲得清泉沏新茗”。茶香、花香飘忽不定，能不如痴如醉。明代文人以花会友，喜欢将花“人格化”，如以“松、竹、梅”组成“岁寒三友”；“梅、兰、竹、菊”组成“四君子”等。

清代，在继承明代的基础上，将“人格化”升为“神格化”，将每一种花以有关历代名人的个性或事迹予以匹配作为各花的花神，从而使盆栽艺术得以普及与发展，也使插花与盆栽熔为一炉，而成“写景花”（盆景式插花），讲究外形、线条与色彩，崇尚现实主义与自然主义。沈复的《浮生六记·闲情记趣》中提出：“其插花朵，数宜单，不宜双。每瓶取一种，不取二色”；“起把宜紧，瓶口宜清”。“枝疏叶清，不可拥挤”；对枝条

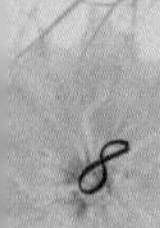

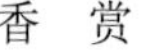
香　赏

茗　赏

静　赏

动　赏

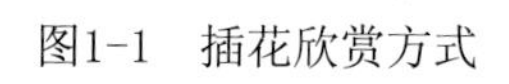
图1-1　插花欣赏方式

“必先执在手中，横斜以观其势，反侧以取其态。相定以后，剪取杂枝，以疏瘦古怪为佳”。此外，还介绍了弯折法，发明了花插，至今受益匪浅。沈复在插花技艺方面的介绍，充分体现了自然与美学的有机结合。“一花一世界，一叶一乾坤”。人们赏花也以是否符合自然为标准。静观其态势，闭目思意境——静赏。后期盛行“果盘插花”，并用含特别象征意义的花材，如铜钱、拂尘、万年青、李、百合等，组成“前程万里”、“百年好合”等祝福词的礼仪花篮传承至今。

上世纪80年代，西方图案式的大堆头插花涌入中国，人们以赶时髦的心态，趋之若鹜，因其简单易学，热闹喜气，被花店广泛采纳。近来随着中国传统插花艺术的挖掘与开发，中国传统插花艺术精髓受到中外各国花艺师的推崇，从而形成了中西合璧的现代自由式插花。在热闹喜气的同时，注重线条的表现与意境的表达，并以迅雷不及掩耳之势漫延，成为现代插花艺术的奇葩。近来随着架构艺术的推广运用，以及中国传统插花艺术的外渗，形成了百花齐放、百家争鸣的局面。人们欣赏眼光不拘一格，趋于多样化、个性化。要求从多角度、多方向、多距离进行全方位的欣赏——动赏。导致插花的面面俱到，对上上下下、里里外外、前前后后都得仔细加工。但目前，我国传统插花艺术的传播速度远不及西方插花艺术的渗透，需要我们加强交流，共促繁荣。

（2）日本插花简史

日本插花即日本花道，起源于中国。缘于日本人民对美、对艺术的执著追求和日本特殊的地理环境、民俗风情、文化艺术背景，经过几个世纪的长足发展，日本人民终于向世界贡献了他们的伟大创造——花道。现在日本插花已经渗透到了日本人生活的各个方面，是日本社会及家庭所不可缺少的一部分，并成为日本人民最高雅、最优美的追求之一。作为东方插花的新分支，日本花道的历史与日本社会经济、文化发展联系密切。

日本插花界人士认为：日本花道是从佛前供花发展而来，经过佛前供花—寺庙插花—宫庭插花—民间插花—现代插花几个过程。

花道的雏形：寺庙祭坛插花（13世纪以前）。佛教的传入和发展促进了日本插花的兴起，并发展了早期的祭坛插花艺术。最初的插花具有浓厚的宗教色彩，且仅在僧侣中流行，花型严谨而对称！直至公元8世纪初，日本花道才算是真正萌芽，但此时的花道没有规律也谈不上形式。插花规则的形成始于公元818年，权威人士认为天皇制定了插花规则。这样由于早期帝王及其随从人员对插花的支持，日本插花才逐步发展为闻名世界的伟大创造。9世纪中叶，日本人开始将花卉置于花瓶内观赏，这与中国唐代兴起的瓶插花艺关系很大。唐代以后至宋朝，中日通商频繁，中国的陶瓷器皿输入日本，极受日本贵族的青睐！受中国花瓶造型和艺术设计的启发，在佛像前供花同时，日本人也开始用花作室内装饰品。公元894年，日本终止了遣唐使节的派遣，日本文化逐渐走上国风化的道路。10世纪前后，人们将瓶插花放在居室最为显著的位置——壁龛内观赏，龛内有一张狭窄的木桌，用于摆放香炉，墙上挂像画卷，这种方式后来演化成为一种传统的赏花方式。13世纪前后，日本庙宇中出现供奉佛祖的莲花插法与造型，可略见层次感，具有一定美学概念。

宫庭插花（13世纪）。足利时代（1336—1573年）为武士封建王朝专政，足利将军钟爱中国文物，特举办“花御会”（即插花比赛），后复仿效中国的七夕供陈之俗，而有“七瓶花赛”之说。并在宫庭盛行，全部采用中国花瓶，以“立花”为代表的“池坊流”此时正式产生。“立花”的起源是五常，即儒教封建思想构成的君臣主从制度，由五常的思想发展出来的花型称为立花。早期的立花主要用以敬佛，其花型严谨而对称，典型的“立花”花型以7～9枝花材构图，并以绿叶相配!发展至室町幕府的后半期才具有一定规格，形成高度规范化和复杂的插花形式，至今立花已有500多年的历史。因此立花也成为日本插花的原祖，受到了很高的评价。这种插花形式深受贵族们的喜欢，寺庙僧侣开始进入武士家邸院，应主人要求而插花。这样插花由供佛转变为集观赏、消遣于一体的娱乐活动，从此插花渐渐摆脱了宗教色彩，成为武士贵族之家的庆典和装饰的艺术品！插花行业也成为一种专业体系渐渐发展起来。

民间插花（16—19世纪初）。江户时代（1603—1868年），德川家康为日本的统治者，他迁都江户（今东京），对内加强统治，对外闭关锁国，结果却是和平与文化的兴起。适逢太平盛世，民众生活水平提高，插花则从上层贵族人士进入平民百姓家，插花技艺与艺术风格得到了飞速发展。“立花”花型不断完善，达到定型，此时“生花”花型从立花中分离出来自成一派。“生花”主张以少而精的花材，表现植物自然的形体美、色彩美和组合美，强调简洁、真实和优雅，反对非植物材料的应用。“生花”多以三枝花材构成三角形的造型，三主枝象征宇宙间的天、地、人，后来发展为真、副、体三枝组合。“生花”插花技法以草本植物在前，木本植物在后，以七、五、三的比例构成不等边三角形（黄金分割法），它有阴阳和合的含义。其中七是正中枝，五是副枝，三是主体，以表现自然形态为主。自此花道的民族气质与趣味得到了充分的发展与体现。此后插花在日本逐渐形成体系，许多口传的插花书和著作先后问世，如《池坊专应口传书》、《立花大全》、《抛入花传书》等。1673年，日本插花刊物《替花秘道》中首次出现“花道”一词，其宗旨是“仁、义、智”，也体现了儒家思想。1600年前后千利休创立的茶道，推动了插花艺术的发展。因为茶道需要摆花，于是宗教感情和审美意识在插花和茶道中得到了和谐的结合。1696年，我国袁宏道的《瓶史》被译成日文在日本出版，对日本插花艺术风格和美学思想起了重大影响，被日本插花界奉为经典，为此出现了“宏道流”派。1750年日本出版了《本朝瓶史投入岸之波》。1775年日本人横山润在《瓶花全书》列举了中国历代花瓶插法；日本《花道》杂志至今常引用《瓶史》为插花理论根据。同一时期日本还流行一种较为简单的“投入式”（HEIKA），指插在瓶中的花看起来就像被扔进去的一样，“投入式”插花多用直立的花器或高型花瓶。至此插花在民间得到了普及并成为一种教养和常识，插花不再拘于形式而更趋向自由构思和造型。然而1639年日本为防止西方殖民主义的渗透颁布的“锁国令”，造成了日本长期的自我封闭。幕府强化“生花”为“格花”，重视格式，讲究“阴阳五行”学说，忽视花卉自身的美感，导致插花失去活力、停滞不前。到明治维新时代（1868—1912年），花道由于幕府崩溃，失去了经济基础，各流派纷纷倒闭破产。

现代插花的形成（20世纪）。直到1854年，美国用军舰打开了日本的门户，许多新奇西洋花卉和西洋式插花传入日本，使日本插花人士大开眼界，传统花道不得不酝酿着一次革命，新的插花流派应运而生，如“文人生”（即文人插花、士大夫插花）1872年兴起盛花式插花（MORIBANA），主要应用广口浅盘或卧式花器，“盛花”一词是指“插在置有定枝器的卧式花器花盆中的花”。1911年，小原云心受到当时流行的中国盆景和清代写景式插花的影响，同时也吸收西洋花卉，创立“小原流”派。小原流的艺术手法为大自然写实，以表现大自然风貌为主，将原来“立花”和“生花”的“点”插改为“面”插，自行设计圆形浅盆，并积极培养女性教授者。日本花道从此由高瓶转向较低的浅盆插，可谓花道史上的一大突破。日本花道发生历史性转变是1926年出现的自由插花（Free Style Arrangement ，又称前卫插花（Avant-Grade Ikebana）。这是相对于当时固定的花型而言，由一些前卫插花人士在盛花基础上，吸收西方抽象造型原理，突破传统插花规则，反对限制花材、花器和固定型式，提出依直觉及感觉实现自由的艺术创造，以“追求精神上和生活上的和平之插花”、“对天地万物的敬意”、“积极而向上的生活态度”为插花基本原则。自由花是无固定形态的，大约可分主观形和客观形两种。主观形是破坏自然的枝叶，以自己的观念，造出一种形态来，客观形是以自然的枝叶，加上自己的意识和技艺，创造一种自然美的形态来。自由花有垂直形态、倾斜形态、水平形态及复合形态四种构图形式。1927年，由河原苍风创立的“草月流”是日本插花界中标新立异的流派，“草月流”意指“如草之可亲，如月之明朗，”他们主张创造特异的新花型，甚至使用非植物材料，自由发展个性。其艺术手法是以抽象的线条、充分利用自然界中所能利用的物质，创造一种抽象的艺术造型。河原苍风大师说：“自然界中，四季无穷尽的变化，花木美妙的姿态，配以千变万化的构想技巧，再加以花器和环境酝酿而成的背景，三者合一，始能产生优秀作品”。不要去制造物质世界上某些东西的摩真本，而要按自己的意念和感情去创造，花是具体的，而插花艺术是抽象的。二战的爆发，使日本插花出现了第二次危机。但1956年美国驻日本的Ellen Gordon Allen夫人为普及插花艺术，创办“国际花友会”（Ikebana International），却使日本插花有了起死回生的转机。Ellen Allen 强调插花要利用各种花、叶和灌木，强调它们在形状、色彩、色感等方面相映成辉、和谐一致，以取得最佳观赏效果。1946年，日本的草月流与小原流合作，在东京开展了战后第一次插花展览会，给当时精神处于极度空虚的日本人打了一针强心剂，此后各流派掀起了改革风潮，插花又活跃起来，呈现一派欣欣向荣的景象。1965—1992年日本成为一个经济大国，插花艺术也日臻成熟。“池坊流”、“小原流”、“草月流”已成为日本最具影响力的三大流派。作为东方插花的代表，日本插花也在世界范围内广泛传播，受到世界人民的喜爱。现在各流派在国外均设插花分部，并派代表赴各地充任文化使节，促进了日本插花的国际性普及和交流。于是东西合璧，严谨的日本插花开始包含浪漫抽象的西方艺术色彩。各插花流派呈现出百花齐放、推陈出新的景象，使日本插花在构思、花型、选材上都表现得更自由、浪漫、更富幻想，具有强烈的时代精神，这标志着日本插花走向了世界。

1.2.2 西方插花艺术发展史

目前较为普遍的说法是：西方式插花艺术起源于古埃及。埃及人很早就有将睡莲花插在瓶、碗里作装饰品、礼品或丧葬品的习俗。后来他们又将鲜花作为宫廷中的供奉。以后随着文化的传播，插花艺术传到希腊、罗马、比利时、荷兰、英国、法国等，并得以发展。插花早期在欧洲流传，多作为宗教用花。西方人认为花可以去除巫术和闪电，常用橄榄叶和月桂叶做成花环戴在脖子上或头上，做护身符，挂在门上、墙上，防邪魔进门。

14—16世纪，随着文艺复兴运动，使插花摆脱了宗教的束缚，得到了迅速发展。开始从教堂进入家庭，出现了瓶花、花篮、花束、果盘等多种样式。受西方艺术中几何审美观的影响，形成了传统的几何形、图案式风格。初步形成造型简单规整，花朵匀称丰满，色彩艳丽的西方大堆头式插花风格。

17—18世纪，随着航海业的发展各地花卉广泛交流，插花技艺得以传播，插花也成了

各国画家绘画的主要对象。

18—19世纪，欧美经济、文化艺术有较大的发展，插花也得以普及，民间插花广为流行，并形成欢快、简朴的民间插花风格。

19世纪下半叶是西方家庭园艺、也是西方传统插花的黄金时期。插花成为时尚，用插花装饰餐桌及居室已成为文明风雅的生活艺术。西方插花逐渐走向理论化、系统化，呈现出以下特点：插花作品色彩浓烈，花材量大，以几何构图为主，严格要求对称和平衡，层次分明，有规律，表现出一定的节奏，以数学协调为主流，以色彩美取胜，使传统欧洲式插法的特点得以最充分的体现。

20世纪50年代，西方插花受日本花道的影响，尤其是自由风格的“草月流”，同时还受抽象派画风的影响，美国的插花设计者创造了抽象派插花，追求单纯的线、形、色倡导个性和创新。

现在，在西方人的日常生活中，花已经成为不可缺少的一部分，在社交场合、婚丧喜事、探亲访友，鲜花都是传递友谊、表达情感的高雅之物。

目前，西方插花已经发展形成了两大流派，一为传统西方插花，一为现代西方自由插花。前者构图有明显轴线，插花繁密，表现图案美；后者不拘形式，配合现代设计，强调色彩的组合应用。

1.3 插花艺术的分类

1.3.1 按花材性质的不同分类

鲜花插花：全部或主要用新鲜花材进行插作（不宜在暗光环境下摆放）；干花插花：全部或主要用自然的干花或经过人为加工处理后的干燥植物材料（尤其光线较暗处更能发挥长处，适于长久性装饰）；人造花插花：所有花材为人工仿制的各种植物材料；混合花插花：干花和鲜花组合；干花和人造花组合。

1.3.2 按艺术风格分类

插花艺术的发展受不同国家、不同民族、不同地区、不同文化传统、不同风俗习惯以及不同流行时尚的影响，从而形成了众多独具特色的艺术流派。按照艺术风格不同，归纳起来可分为5大类别。

（1）东方式传统插花

东方式传统插花起源于东方，以中国和日本为代表，中国是东方插花的起源地。

东方式传统插花的材料往往选择自然界的花、叶、果、枝，并以木本花材为主，其手法注重写意，聊聊数枝，就表现出深刻的寓意；在造型上以体现自然界的景色或植物在自然界中的状态为主。

其主要风格和特点是：崇尚自然，师法自然，讲究诗情画意和追求意境美；多用不对称式自然构图；采用线条造型，多以木本枝条作线条造型，活泼多变；重视作品和陈设环境的统一。其插作要遵循植物生长的自然规律，不以花朵的数量多、色彩浓艳取胜，而是以姿态神韵与天然雅趣取胜。

（2）东方式现代插花

受西方式插花的影响，东方式现代插花对花材、容器的选用更丰富，构图更自由多变，已经表现更时尚更多样化。

（3）西方式传统插花

西方式传统插花以欧美各国为代表。

其主要风格和特点是：用花量大，有花木繁盛之感，多以草本、球根花卉为主，花朵丰满硕大，给人以繁茂之感；构图多用对称均衡或规则几何形，追求块面和整体效果，极富装饰性和图案之美；色彩浓重艳丽，气氛热烈，有豪华富贵之气魄。

主要构图形式是各式各样的几何图形。对称式的有等腰三角形、倒T形、扇形、半球形、球形、菱形、椭圆形等；不对称式的有斜边三角形、新月形、L形、S形等。

（4）西方式现代插花

西方式现代插花适应西方人现代的审美情趣、时尚追求及美化生活的需要，吸纳东方式插花线条造型的长处，构图突破标准几何形状，造型较灵活，作品显得更加活泼、流畅和优美。

（5）现代自由式插花（现代花艺）

现代花艺是插花艺术新兴的一种表现形式，其融合了东西方插花艺术的特点，更富有时代感，更强调装饰性。因此，对素材的选用更广泛，既有植物性的素材，也有非植物性的素材；既可使用容器，也可以不用容器；制作技巧非常灵活多样。作品极具立体感和装饰效果。

1.4 插花花材分类与用途

1.4.1 按花材的外部形态分类

（1）线状花材（线形花） 是指外形呈长条状和线状的花材。如唐菖蒲、蛇鞭菊、金鱼草、飞燕草、香蒲、竹子、银芽柳、迎春、连翘等。

线状叶材主要有散尾葵、熊草、苏铁、针葵、虎尾兰、天门冬、一叶兰、山苏、排草、巴西木等植物的叶片，这些叶片极易造型，表现力极为丰富。

线状花材可根据外形分为直线、曲线、粗线、细线、刚线、柔线等类型，各具不同的表现力。

在东方风格的插花中，线条常常能用来活跃画面，产生各种优美的姿态与活泼的空间。

（2）团块状花材（簇形花） 是指外形呈较整齐的团状、块状或近似圆形的花材。是插花中常用的花材。如玫瑰花、康乃馨、非洲菊、菊花、牡丹、大丽花、鸡冠花、八仙花、木绣球、百子莲等。它们常作为构图的主体花材，可以插在骨架轴线的范围内完成花型，可以单独插，也可以与其他形状花材配合起来作焦点花。

团块状叶材常见的有龟背竹叶、荷叶、芭蕉叶、春羽叶、八角金盘叶、鹅掌柴叶、变叶木叶等。这类叶片面积大，具有重量感，多放在整个作品的基部和花与花之间，其阔叶表面是花朵极好的背景，或用作焦点、重叠、铺垫及造型等。

（3）异形花材（造型花） 花形不规整、结构奇特、别致、体形较大的花材，1—2朵足以引起人们的注意。如鹤望兰、红掌、百合、马蹄莲、蝎尾蕉和各种热带兰等。这类花材花形、花姿奇特，具有独特的构图表现力和艺术感染力，在构图中常作焦点花使用，或置于作品的最高、最远（显眼）处。为突出和保持其独特的形状，常和其他花材之间保持

一定的距离。

（4）散状花材（填充花） 指茎部细小且多分枝，枝上开满无数小花的花材。如情人草、满天星、黄莺、小菊、勿忘我、蕾丝花、水晶花等。这类花材花形细小，一枝多花，给人以梦幻的感觉。常散插在主要花材的表面、空隙间或背面，起烘托、陪衬和填充作用，增加作品的层次感和饱满度。

散状叶材的叶形细小，多插在花与花之间的空隙处，具有填充、过渡与平衡，增加作品的层次感，减弱过重处理等功效，如文竹、天门冬、蓬莱松等。

1.4.2 按花材在插花造型中的作用分类

（1）骨架花 骨架花是用于构成插花造型基本骨架的花材，常用这类花材构成插花造型的基本轮廓，起骨架构成作用。

（2）主体花 主体位于骨架花构成的范围内，用以丰富和完成构图的主要部分。

（3）焦点花 放在视觉中心的花，最奇特，最上乘的花放于此处。

（4）填充花 起补充和完善造型、衬托和增加层次的作用。

一般来说，线状花材最适宜做骨架花；团块状花材最适宜做主体花，也可做骨架花和焦点花；特殊形花材最适宜做焦点花；散状花材最适宜做填充花。

1.5 插花工具及器皿

1.5.1 插花工具及辅助材料

所谓“工欲善其事，必先利其器”，有了完备的工具和材料，会使插花的工作进行得更顺手。

常用的插花工具有剪刀、枝剪、弯刀、切刀、卷尺、强力剪、锯子、订书机、胶枪、气钉枪、喷水壶、刮刺钳、老虎钳等。

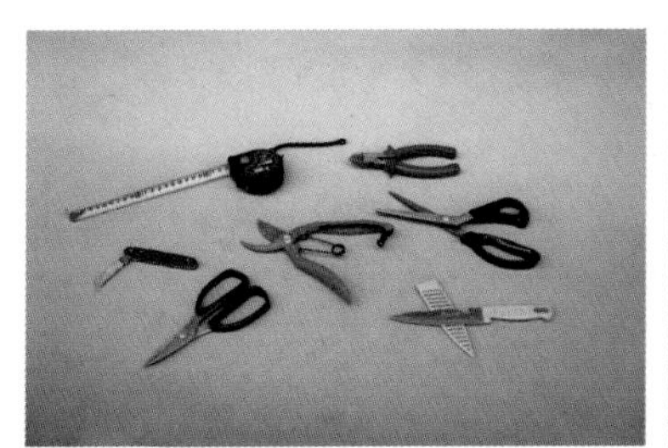
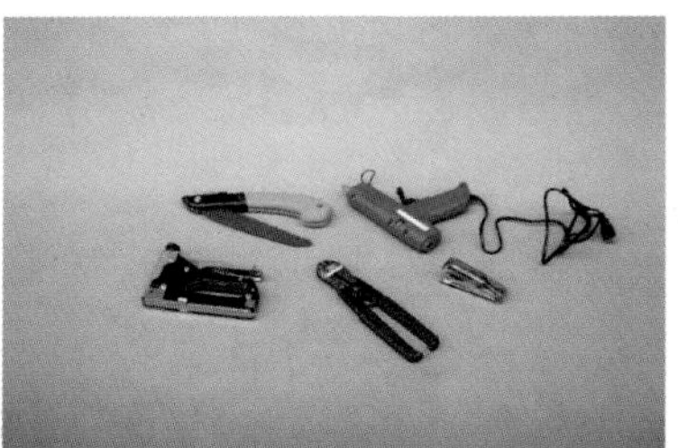

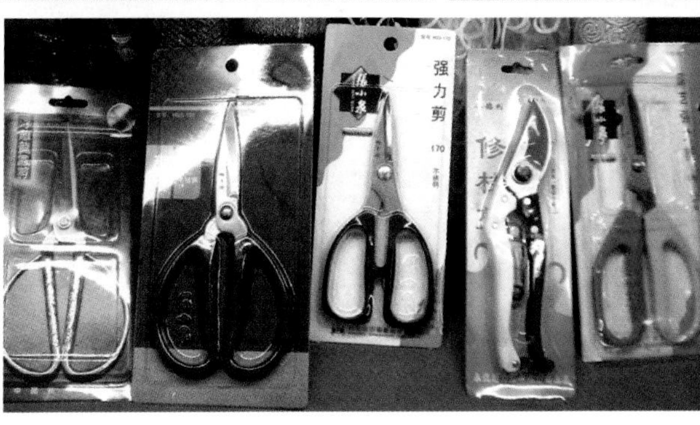

图1-2 插花常用操作工具

（1）固定花材器具

花泥，是目前市场上最常用的，由酚醛塑料发泡而成的插花专用材料。使用方便，多为一次性，不能反复使用。通常分为有鲜花花泥和干花花泥两种，放置在碗、盘、篮等各种花器中使用。

剑山，又叫花插、水龟。由铅锡底座和铜或不锈钢针头浇铸而成，能沉入水底，不会生锈。形状有圆形、方形、菱形、三角形、椭圆形、月牙形等。最大优点是不易损坏，可以反复使用，长久保存。

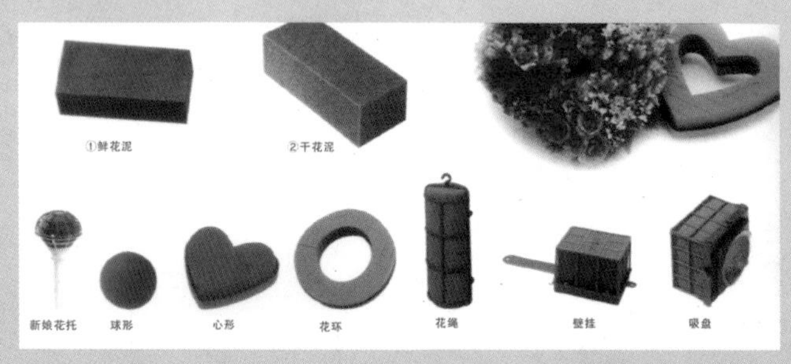

图1-3 插花常用固定工具

（2）插花的辅助材料

铁丝：插花中常用18—24号绿色插花专用铁丝。用于花材的造型、加长。号数越小，粗度越粗；铁丝网：多用于大型花篮中加大花泥的支撑力、固定花泥等；胶带：插花专用胶带，有多种色彩。用于固定粘合插花材料、包裹铁丝等；包装纸：质地有塑料的、纸的、纤维的，用于作品的包装与装饰；彩带：质地有塑料的、纸的、纤维的，用于作品的装饰；双面胶带：在包装花束礼品时，起隐藏固定作用；防水胶带：有多种颜色用于包裹铁丝、花材；插花配件（摆件）：常是一些小型的工艺品，如瓷人、小动物、珍珠等。能起到烘托气氛，加深意境，活跃画面和均衡构图的作用。

此外，东方式插花还讲究花几、花架及垫座的选用，可以起到均衡插花作品的作用，增强作品的艺术感染力。

图1-4 插花常用辅助材料

1.5.2 插花器皿的种类

（1）金属花器：是指用铜、铁、银等金属材料制成的花器，给人以古朴、稳重、豪华、典雅之感，是中国传统插花，特别是宫廷插花的常用花器。

（2）陶瓷花器：是中国传统插花常见的花器。既有古色古香的，也有明快新颖的，给人外柔内刚的感觉。是当今应用最广的花器。

（3）玻璃塑料花器：可以制成各种形态，各类颜色的花器。给人一种轻质细腻，灵巧标致的感觉。

（4）竹木花器：用植物材料制成，来源广泛，制作简便，价格低廉，能保持自然色泽，具有浓浓的乡土气息。

图1-5 插花常用器皿

1.6 艺术插花构图五大原则

插花形式美的基本原则，称为构图原则，表现为比例与尺度、动势与均衡、多样与统一、对比与调和、韵律与节奏。

1.6.1 比例与尺度

它是指作品的大小、长短、各个部分之间以及局部与整体的比例关系。比例恰当才能匀称。插花时要视作品摆放的环境大小来决定花型的大小，所谓“堂厅宜大，卧室宜小，因乎地也。”其次是花型大小要与所用的花器尺寸成比例。古有云：“大率插花须要花与瓶称，令花稍高于瓶，假如瓶高一尺，花出瓶口一尺三四寸，瓶高六七寸，花出瓶口八九寸乃佳，忌太高，太高瓶易仆，忌太低，太低雅趣失。”

（1）花形与花器之间的比例　花器单位：花器的高度与花器的最大直径（或最大宽度）之和为一个花器单位。花形的最大长度为1.5～2个花器单位。花材少、花色深时比例可大，S型等比例可大。

图1-6 花形与花器之间比例示意图

（2）黄金分割　黄金分割比率的基本公式是一条线分成两段，小线段a与大线段b的长度比恰等于大线段b与全线长度之比，即a：b＝b：（a＋b），其比值约为0.681：1，这是公认为最美的比例。在视觉造型上容易得到统一与变化，为古今中外的建筑物广为应用。此外按等比级数截取枝条的长度，如2、4、8、16等等使枝条距离渐渐拉大，也可产生韵律和渐变的强烈效果。

花形的最大长度为1.5—2个花器单位即体现了黄金分割原理。黄金分割原理在插花中的应用还体现在：三主枝构图中，一般三个主枝之间的比例取8：5：3或7：5：3。

（3）尺度　摆放环境空间大时，作品可大，环境空间小时，作品可小。在实际生活中一般家庭居室插花，主花高度或宽度多在40～80cm，宾馆大厅及大型展览场所，主花高度可达1～2m或更大。一般室内摆放作品，大型作品1～1.5m，中型作品高40～80cm，小型作品高20～30cm。

1.6.2 均衡与动势

均衡是平衡与稳定，是插花造型的首要条件。在插花中它是造型各部分之间相互平衡的关系和整个作品形象的稳定。动势就是一种运动状态，一种动态感受。在插花中指各种花材的姿态表现和造型的动态感。

平衡有对称的静态平衡和非对称的动态平衡之分。对称平衡的视觉简单明了，给人以庄重、高贵的感觉，但有点严肃、呆板。传统的插法是花材的种类与色彩平均分布于中轴线的两侧，为完全对称。现代插花则往往采用组群式插法，即外形轮廓对称，但花材形态和色彩则不对称，将同类或同色的花材集中摆放，使作品产生活泼生动的视觉效果，这是非完全对称，或称为自由对称。

非对称的平衡灵活多变、飘逸，具有神秘感。有如杂技表演，给人以惊险而平稳的优美感。非对称没有中轴线，左右两侧不相等，但通过花材的数量、长短、体形的大小和重量、质感以及色彩的深浅等等因素使作品达到平衡的效果，就如中国的“秤杆”原理，无论轻重的物件都可用同一杆秤，通过调整秤砣的位置即可平衡。这是非对称平衡的妙处。

稳定也是均衡的重要因素，当造型未稳定之前，谈不到均衡，这关系着所有造型要素的综合问题，如上所述的形态、色彩、质感、数量乃至运动、空间等都对稳定性有影响，虽然均衡原理偏重于形式方面，但心理感觉也是影响因素，一件作品如表现出头重脚轻、摇摇欲坠、行将倾塌之势，必令人心理紧张，何来之美。所以稳定也是形式美的重要尺度之一。一般重心愈低，愈易产生稳定感。所以有所谓上轻下重、上散下聚、上浅下深、上小下大等的要求，颜色深有重量感，故当作品使用深浅不同的花材时，宜将深色的花置于下方或剪短些插于内层，形体大的花尽量插在下方焦点附近，否则不易稳定作品的重心。动势与均衡两者对立统一，相辅相成。

1.6.3 多样与统一

多样是指一个作品是由多种成分构成的。如花材、花器、几架等，花材品种常常又较多。统一是指构成作品的各个部分应相互协调，形成一个完美的有机整体。多样与统一是矛盾的两个方面，统一是主要方面。

1.6.4 对比与调和

对比是通过两种明显差异的对照来突出其中一种的特性。如大小、长短、高矮、轻重、曲直、直折、方圆、软硬、虚实等等都是一对矛盾，本来不是很高的花材，因在其下部矮矮地插入花朵作对照，则显得其高昂。如一排直线，中间夹一条曲线则显直线更直，这是对比的效果，但要注意对照物不能太多太强，否则喧宾夺主，失去对照的意义。

对比还能提高造型情趣，增添作品的活力。如一件作品，要有花蕾、微开的花和盛开的花，形体大小不同才好看，如所有花都大小一样、形体单一，或令其一律面向前方，则十分呆板乏味。硬直的花材，加入些曲枝或软枝可使之柔化，圆形的花、叶加入些长线条的花材，可增添情趣，一排直立的线条令其中有1—2条曲折倒挂，破其单一，画面更生动。这就是中国国画画理中的“破”。“破”能产生一种起伏跌宕、平中出奇的意外效果。插花时花器口如果外露，那瓶口处一条平直的线往往与花型不相协调，这时应用一些枝叶稍作遮掩，盖去部分瓶口以破其光滑平直，使画面统一协调。

调和就是协调，表示气氛美好，各个元素、局部与局部、局部与整体之间相互依存，融洽无间，没有分离排斥的现象，从内容到形式都是一个完美的整体。

调和一般主要指花材之间的相互关系，即：花材之间的配合要有共性，每一种花都不应有独立于整体之外的感觉。调和还有花材与花器、花材与环境、花器与环境之间的和谐等。

1.6.5 韵律与节奏

韵是音韵，律是规律。声音抑扬顿挫、有规律的变化可形成优美的旋律。插花中讲韵律是要使作品具有节奏感和动态的美感。它通过有层次的造型、疏密有致的安排、虚实结合的空间、连续转移的趋势，使插花富有生命活力与动感。

层次　高低错落、俯仰呼应造就层次的产生。《瓶史》中有“花夫之所谓整齐，正以参差不伦，意态天然，如子瞻之文，随意断续，青莲之诗，不拘对偶，此真整齐也”之说，所谓“不齐谓之齐，齐谓之不齐”，画面要有远景、中景和近景，插花也要插出立体层次，要有高有低、有前有后，要有深度，不能都插在一个平面内。一般初学者只看到左右的分布，而看不到前后的深度，应建立透视的概念，使作品有向深远处延伸之势。所以花枝修剪要有长有短，一般陪衬的花叶其高度不可超过主花，此外深色的花材可插得矮些，浅色的花插得高些，这是通过色彩变化增强层次感。

疏密有致　插花作品中，花朵的布置忌等距，要有疏有密才有韵味，如四朵花则三朵一组间距小些，另一朵宜拉开距离插到较远处，五朵花则三朵一组，两朵拉开距离。

虚实结合　空间对艺术品十分重要，中国国画的布局都留出一角空白，书法也讲究“布白当黑”，如密集一团就看不清字形了。中国古语有云“空白出余韵”，可见空白对韵味的作用。插花也一样，空间就是作品中花材的高低位置所营造出的空位。一个作品如密密麻麻塞满花、叶，则显得臃肿、压抑，中国传统的插花之所以讲究线条，就因线条可划出开阔的空间，过去西方传统的插花以大堆头著称，现代也注重运用线条了。插花作品有了空间就可充分展示花枝的美态，使枝条有伸展的去处，空间可扩展作品的范围，使作品得以舒展。各种线材，无论是扭扭曲曲的枝条，还是细细的草、叶，都是构筑空间的良材，善于利用即可使作品生动，飘逸有灵气，韵味油然而生。现代插花十分注重空间的营造，不仅要看到左右平面的空间，还要看到上下前后的空间。空间的安排适当与否也是插花技艺高低的标志之一。

重复与连续　重复出现不单有利于统一，还可引导视线随之高低、远近地移动，从而产生层次的韵律感。花、叶由密到疏、由小到大、由浅到深，视线也会在这种连续的变化中飘移，产生一定韵律感。没有韵律将死气沉沉。

以上各项造型原理是互相依存、互相转化的，疏密不同即出现空间，疏密布置得当，上疏下密即产生稳定的效果，高低俯仰、远近呼应不仅产生统一的整体感，也出现层次和韵味，只要认真领会个中道理应用于插花作品中，即可创作出优美的形体。而一个优良的艺术造型，除了具有外表的形体外，更要透过形体注入作者情感，通过形体表达一定的内涵，令意境和造型交织融合才能动人心弦。

1.7 插花的色彩搭配

插花既要有美妙的造型，又要有优美的色彩，两者均是构成美好形象的基本要素。然而，在一般的审美中往往会偏重于色彩，或者说，色彩的美感最易被人们所察觉。

1.7.1 色彩的性质

色彩有“无彩色”和“有彩色”之分。无彩色是指白、灰、黑色；有彩色是光谱色彩中的各种颜色，即红、橙、黄、绿、青、蓝、紫等。色彩有原色、间色和复色之分。红、黄、蓝三色为原色，不能混合生成，其他色都可以用任意原色混合调配而成。二原色之间的混合产生间色，间色与间色的混合为复色。色彩是由色相、明度和纯度三要素构成的。

色相是各种具体色彩的名称，如红、橙、黄、绿、青、蓝、紫就是7个具有基本色感的色相。

明度指色彩的明暗、深浅程度。标准色中以黄色最明亮，白色、橙色、绿色和红色次之，蓝色较暗，紫色最暗，接近于黑色。插花时，不同明度的色彩相配，能使画面富有变化，增加层次感。另外，适当插入黄色或白色花，能使色彩暗淡的插花作品增加明度，显得明快，亮丽。

纯度是指色彩的纯净程度和饱和程度。纯度越高，色彩越明亮刺眼；纯度越低，颜色比较柔和协调，但是过低则显灰暗沉闷。黑、白、灰等没有色相倾向的色彩称为非彩色，其纯度为零，与其他色混合后，会降低其他色彩的纯度；红色纯度高，而与白色混合后的粉红色，其纯度就降低，掺入白色越多，纯度降得越低。

1.7.2 色彩的表现机能

色彩是富有象征性的，它有冷暖、远近、轻重以及情感的表现机能。

（1）色彩的冷暖感　色彩本身并无温度差别，但能令人产生联想从而感到冷暖。红、橙、黄等色使人联想到太阳、火光，产生温暖的感觉，因而称暖色系，具有明朗、热烈和欢乐的效果。明度高的色彩炫耀而奢华，明度低的色彩含蓄而朴实。插花时可根据不同的场合、用途来选择不同的色彩。

（2）色彩的轻重感　色彩的轻重感主要取决于明度和彩度。明度愈高，色彩愈浅，感觉愈轻盈；而明度愈低，色彩愈深则愈觉重。插花时要善于利用色彩的轻重感来调节花型的均衡稳定。颜色深的暗的花材宜插低矮处，而飘逸的花枝可选用明度高的浅谈颜色。

（3）色彩的远近感　红、橙、黄等暖色系，波长较长，看起来距离会拉近故称前进色。蓝、紫等冷色系，波长较短，看起来距离推后，故称为后退色。黄绿色和红紫色等为中性色，感觉距离中等，较柔和。明度对色彩的远近感影响也很大，明度高者感觉前进而宽大，明度低者则远退且狭小。插花时可利用这种特性，适当调节不同颜色花材的大小比例，以增加作品的层次感和立体感。

（4）色彩的感情效果　色彩能够影响人的心情。不同的色彩会引起不同的心理反应。不同民族习惯和个人爱好，不同的文化修养、性别、年龄等会对色彩产生不同的联想效果。如中国传统习惯喜庆节日偏爱红色，白色则认为是丧服的颜色。而西方则相反，结婚时新娘的服饰喜用白色。所以选择色彩时需适当留意对方的喜好，以免引起误会。一般常见的色彩情感有以下几种。

红色：鲜红有艳丽、热烈、兴奋之情。浅红骄柔，深红闷郁；橙色：橙色是温度之色，表示明朗、甜美、成熟和丰收。浅色温馨，深色古色古香；黄色：黄色表示土地、快乐、富有、亮丽、高贵和尊严。淡黄浪漫，深黄粗俗；绿色：绿色既有生机，富有春天气息，又具有健康、安详、宁静的象征意义。浅绿娇嫩，深绿平凡；蓝色：蓝色有安静、深远、清凉、天空、大海的联想，是现代科技的主色调；紫色：紫色有优雅高贵的感觉，淡紫色还能使人觉得柔和、娴静。深紫深沉、凄凉；白色：白色是纯洁、朴素、高雅的本质。乳白色柔和、灰白色单调，还有苍凉之感；黑色：黑色代表坚实、含蓄、庄严、肃穆同时与黑暗联系在一起。

色彩的象征和联想是一个复杂的心理反应，受到历史、地理、民族、宗教、风俗习惯、时尚流行等多种因素的影响，并不是绝对的，在插花时只能作为色彩运用的参考，而应按题材内容和观赏对象进行色彩设计。

1.7.3 色彩的配色方法

（1）同色系配色　即用单一的颜色，这对初学者较易取得协调的效果。如果能利用同一色彩的深浅浓淡，按一定方向或次序组合，会形成有层次的明暗变化，产生优美的韵律感。

（2）近似色配色　利用色环中互相邻近的颜色来搭配，如红—橙—黄、红—红紫—紫等。这时，应选定一种色为主色，其他为陪衬，数量上不要相等，然后按色相逐渐过渡产生层次感，或以主色为中心，其他在四周散置也能烘托出主色的效果。

（3）对比色配色　对比是明暗悬殊或色相性质相反的组合在一起。色环上相差180度的颜色称对比色或互补色，如红与绿、黄与紫等。由于色彩相差悬殊，产生强烈和鲜明的感觉。需注意色彩的浓度，一般降低其纯度较易调和，如用浅绿、浅红、粉红等。深色间点其中作点缀，效果较好。绿色是植物尤其是叶片的基本色，插花时要善于利用。对比的配色除了通过调整主次色的数量（面积）和色调达到和谐统一的效果外，还往往选用一些中性色加以调和。黑、白、灰、金、银等色能起调和作用，故又称补救色。因此，插花时加插些白色小花十分重要，可使色彩更明快和谐。而花器选用黑色、灰色或白色较易适应各种花的颜色。

（4）三等距色配色　在色环上任意放置一个等边三角形，三个顶点所对应的颜色组合在一起，即为三等距色配色。如花器是红色，花材选用黄色和蓝色，或紫色的矢车菊和橙色的康乃馨加上绿叶等，这些色彩配出的作品鲜艳夺目、气氛热烈，适用于节日喜庆场合，但同样应以中性色调和，加插白花或用白（黑）色的花器等。

当环境微暗时，宜用对比性稍强的颜色，而在明亮的环境中，则可用同色或近似色系列。

图1-7 伊登十二色环

2. 插花艺术的基本构图类型

插花是一种艺术创作活动，构图形式多种多样，作品造型千变万化，但归纳起来，主要有以下几种基本构图和造型设计形式。

2.1 对称式构图设计

对称式构图设计用花量大，花材常组合成色块进行搭配，突出立体感、层次感。外形轮廓整齐对称，内部结构紧凑丰满，显得端庄典雅，一般呈有规则几何图形，给人热情，喜悦欢庆的特点和作用，是西方插花的传统构图形式，也是礼仪插花中较常用的构图形式。经常应用于餐桌花、礼仪花篮、迎宾花束、新娘捧花和花环等。对称式构图插花常见的造型有三角形、放射形、水平形、半球形、倒T形、圆锥形等。

2.1.1 等腰三角形插花制作案例

案例一：基本等腰三角形制作

花材：非洲菊、黄金鸟、紫色康乃馨、肾蕨、黄莺

容器：方形绿色塑胶盆

制作程序：

第一步：按三角形轮廓插入肾蕨，确立框架。

第二步：插入1枝黄金鸟确定作品的高度，左右水平插入2枝黄金鸟定出宽度，宽度为高度的2／3 （1/2）。

第三步：朝前水平插入1枝康乃馨定出厚度，厚度为宽度的2／3或高度的1／3。

第四步：高与厚之间按45° 插入黄色非洲菊做焦点花。

第五步：用花按等距连接高到宽2条、宽到厚2条、高到厚1条共5条连线。

第六步：高到厚的中线分出左右对称的2个空间，分别用花按等长等距填充。首先填充右边的空间。

第七步：用相同的花材以对称的方式填充左边的空间。

第八步：用黄莺填充，遮挡花泥，丰满造型，完工。

图1-8 基本三角形插花制作程序

案例二：变化等腰三角形制作

花材：八角金盘、蓬莱松、巴西叶、剑叶、百合、红掌、粉掌、向日葵、天门冬、洋兰

花器：藤篮

制作程序：

第一步：将八角金盘插入花泥的四个角。

第二步：将剑叶垂直插入花泥的中心，注意层次搭配。

第三步：成阶梯状插入向日葵。

第四步：插入白色百合和巴西叶。

第五步：加入粉色百合和洋兰。

第六步：加入红掌和粉掌。

第七步：用天门冬和蓬莱松填充花泥的空隙处，遮挡花泥，丰满造型，完工。

图1-9 变化三角形插花制作程序

2.1.2 放射形插花制作案例

案例一：基本放射形制作

花材：桃红玫瑰、黄百合、肾蕨、粉色康乃馨

花器：双色碗状花盆

制作程序：

第一步：插入8枝桃红玫瑰定出作品的轮廓，并向后倾5°左右。插入一枝黄百合，为高度的（1／3）1/4作焦点花，并向前倾斜45°～50°。

第二步：在外围连线和焦点花之间插入桃红月季，注意侧面弧度。

第三步：插入黄百合。

第四步：插入粉色康乃馨。

第五步：插入肾蕨填补空间，丰满造型，完工。

图1-10 基本放射形插花制作程序

案例二：变化放射形制作

花材：散尾葵、天堂鸟、白色玫瑰、百合、石斛兰、肾蕨、

花器：篮

制作程序：

第一步：以天堂鸟和散尾葵构成骨架。

第二步：石斛兰插成放射状，排草遮挡花泥。

第三步：百合花为焦点。

第四步：白玫瑰丰满造型。作品完成。

图1-11 变化放射形插花制作程序

2.1.3 水平形插花制作案例

案例一：基本水平形制作

花材：粉色康乃馨、粉百合、情人草、肾蕨

花器：高脚陶盆

制作程序：

第一步：用粉色百合定出水平形的高度，用康乃馨插出水平形的宽度和前后厚度，宽度为容器和花相加总高度的1.6—2.0倍，厚度为总高度的2／3。

第二步：连接正面高到宽、宽到厚、高到厚的5条线盒背面宽到厚、高到厚的3条线。

第三步：按等距填充正面左边和右边的空隙。填好后，插出背面左边和右边的空隙。

第四步：插入肾蕨、情人草，水平形插花更加丰满、活泼，完工。

图1-12 基本水平形插花制作程序

案例一：变化水平插花形制作

花材：纽西兰叶、木贼、蓬莱松、迷你竹、星点木、红掌、金丈果、黄色情人草、双色月季、狗尾草

花器：陶瓷盆

制作程序：

第一步：用木贼和纽西兰叶拉出水平形的骨架，并用蓬莱松盖花泥。

第二步：用迷你竹制作出的扇形在水平弧线上插入，并加入星点木增加色彩和动感。

第三步：加入红掌做焦点，用黄色情人草点缀。

第四步：在空隙加入双色月季和金丈果、狗尾草，丰满造型，完工。

图1-13 变化水平形插花制作程序

2.1.4 半球形插花制作案例

案例一：半球形插花制作

花材：双色月季、蓬莱松、情人草、紫色飞燕草

制作程序：

第一步：在花泥正中央垂直插入第1枝月季。

第二步：底层四周均匀插上等长的4枝月季。

第三步：上下两枝月季之间均等地插入月季。

第四步：空隙位置加插月季，让其形成一个半球形。

第五步：插蓬莱松作衬叶。

第六步：插入情人草、紫色飞燕草作填充花，丰满造型，完工。

图1-14 半球形插花制作程序

案例二：变化半球形插花制作

花材：文竹、巴西叶、腊梅、蓬莱松、睡莲、康乃馨、剑叶、粉玫瑰、天堂鸟

花器：竹筐

制作程序：

第一步：用巴西叶做造型，让其充满整个花泥。

第二步：用腊梅枝作拱桥效果，用文竹修饰。

第三步：加1枝天堂鸟。

第四步：加入睡莲，高度和天堂鸟相当。

第五步：插入粉玫瑰。

第六步：用多头康乃馨和蓬莱松点缀。

第七步：加入香水百合，作为焦点花，用红掌增加作品的宽度。完工。

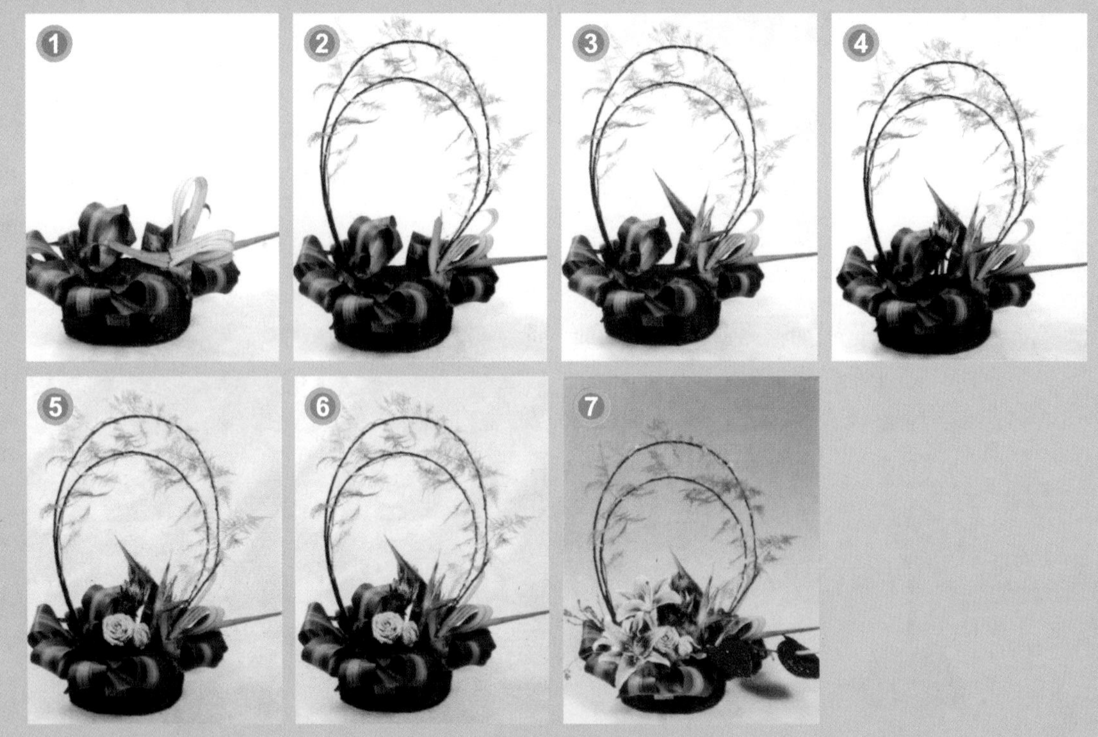

图1-15 变化半球形插花制作程序

2.1.5 倒T形插花制作案例

案例一：基本倒T形制作

花材：桃红月季、桃红非洲菊、小白菊、金丈果、散尾葵、排草、黄莺

花器：瓷质矮脚花瓶

制作程序：

第一步：用散尾葵叶插垂直线，排草插水平线，其中垂直高度为器皿尺寸的1.5～2倍，两侧水平长度为垂直高度的2/3～1/2。

第二步：用月季定出作品的深度。

第三步：插非洲菊作焦点花。

第四步：沿垂直线及水平线插月季，增加效果。

第五步：插入小白菊、金丈果、黄莺等作为填充，丰满造型，完工。

图1-16 基本倒T形插花制作程序

案例二：变化倒T形制作

花材：唐棉、伞草、火百合、情人草、尤加利叶、文竹、蓬莱松

制作程序：

第一步：用唐棉插出比例。

第二步：右边一高一低插入2枝伞草。

第三步：底部竖直插入一丛火百合，右后方插入一丛情人草。

第四步：右边向下插入一丛尤加利叶。

第五步：左边插入文竹叶完成平衡并用蓬莱松叶填盖花泥，完工。

图1-17 变化倒T形插花制作程序

2.1.7 圆锥形插花制作案例

案例一：基本圆锥形制作

花材：非洲菊、玫瑰、白雏菊、黄莺

花器：竹筐

制作程序：

第一步：先用非洲菊插出圆形的高度，底部插入1枝玫瑰后，按食指一指距离插入1枝非洲菊。

第二步：按一指距离转着插花底部花枝。

第三步：连接高度与左右底边宽度连线，这两条连线把圆锥形分成前后相等的两个空间。

第四步：连接高度与正前、正后宽度之间的连线，这2条连线连好后，圆锥形成被分割成相等的4个空间。

第五步：这4个空间依次填充，首先填充面对我们的左边空间，先填上边，插入2枝玫瑰。

第六步：再填充1/4空间的中间和下边，插入1枝玫瑰和1枝非洲菊。

第七步：依照同样的方法，一个一个填充余下的三个空间，注意安排花朵时应对称。

第八步：在空隙处加满黄莺，使花形更加丰满，并起到遮盖花泥和调和的作用。

第九步：点缀白色小菊，使作品更加活泼，完工。

图1-18 基本圆锥形插花制作程序

案例二：变化圆锥形制作

花材：八角金盘、天堂鸟、排草、香槟月季、桃色非洲菊、龙柳、黄百合、椰心叶花器：瓷质矮脚花瓶

制作程序：

第一步：插入龙柳定出最高点，注意插制时错落有致，切勿挤在一处。并高低错落插入3枝天堂鸟。

第二步：插入八角金盘。

第三步：在背面插入黄百合，右侧插入桃色非洲菊。

第四步：插入椰心叶，底部椰心叶折成三角形，让其与圆锥形的立体感相呼应。

第五步：在四面高低错落插入香槟月季。

第六步：插入排草填充空间，完工。

图1-19 变化圆锥形插花制作程序

2.2 不对称式构图设计

不对称式构图又称不整齐式构图，不对称式插花用花量少，体态不大，花材广泛，构图讲究高低错落，疏密有致，以体现植物自然生长的线条美，色彩美，姿态美为宗旨。外形轮廓不规则、不对称，不拘于特定的形式，花色多变，风格随意活泼，别致秀丽。不对

称的插花造型恰似一杆秤，两边的距离虽有长短之别，而重心位置始终在插花器皿中心，因此能够保持重心平衡。东方式插花和西方式插花常用此种。常见造型有L形、S形、弯月形、不等边三角形等。

2.2.1 L形插花制作

案例一：基本L形插花制作

花材：散尾葵、非洲菊、百合

花器：黑色塑料针碟

制作程序：

第一步：切取与容器大小合适的花泥放入花盆中。

第二步：插入散尾葵叶片，定高度和骨架。

第三步：在L形骨架内部插入数枝非洲菊。

第四步：插入两朵非洲菊作焦点花。

第五步：插入衬叶填充空间，完工。

图1-20 L形插花制作程序

案例二：变化L形插花制作
花材：文竹、绿剑叶、小天使、康乃馨、百合、巴西叶
花器：玻璃瓶
制作程序：
第一步：将巴西叶倒插入花泥，放进花器中。
第二步：插入绿剑叶，注意造型。
第三步：垂直插入剑兰，再加入小天使。
第四步：加入百合，作为焦点花，用巴西叶做造型。
第五步：以放射状加入多头康乃馨和叶上黄金。
第六步：加入文竹，使作品更加充实，完工。

图1-21 变化L形插花制作程序

2.2.2 S形插花制作
案例一：基本S形插花制作
花材：银芽柳、非洲菊、小菊、黄莺
花器：绿色塑料高脚花瓶

制作程序：

第一步：用银芽柳插出S形骨架

第二步：用4枝非洲菊分别插出S形的高、低和前后厚度（焦点）。

第三步：在高与前边厚度花之间、低与后边厚度花之间插入非洲菊，使之连成一线。

第四步：加入黄莺，小菊以丰满花形，完工。

图1-22 基本S形插花制作程序

案例二：变化S形插花制作

花材：红掌、铁炮百合、黄百合、跳舞兰、小菊、银芽柳、星点木、肾蕨、石松、高山羊齿

花器：黑色塑料花瓶

制作程序：

第一步：银芽柳、红掌和跳舞兰插成“S”形框架。然后插入星点木、肾蕨、石松、高山羊齿等绿叶作陪衬。

第二步：插入红掌、铁炮百合、玫瑰和跳舞兰作陪衬，并用小菊点缀。

第三步：插入焦点花黄百合，完工。

图1-23 变化S形插花制作程序

2.2.3 弯月形插花制作

案例一：基本弯月形插花制作

花材：银芽柳、散尾葵、粉百合、香槟玫瑰、翠菊、石松

花器：金色高脚容器

制作程序：

第一步：用银芽柳和散尾葵叶打出弯月形骨架，注意左边比右边稍长一些。

第二步：焦点位置一前一后插出2枝百合，定出弯月形的厚度，弯月形的左右端处各插入1枝香槟玫瑰。

第三步：用玫瑰按等距连接左端至前面百合至右端的连线，再连接左端玫瑰至后边百合至右端玫瑰的连线。

第四步：按等距用香槟玫瑰填充两条线的中间。

第五步：点缀石松和翠菊，使作品形状更圆顺，完工。

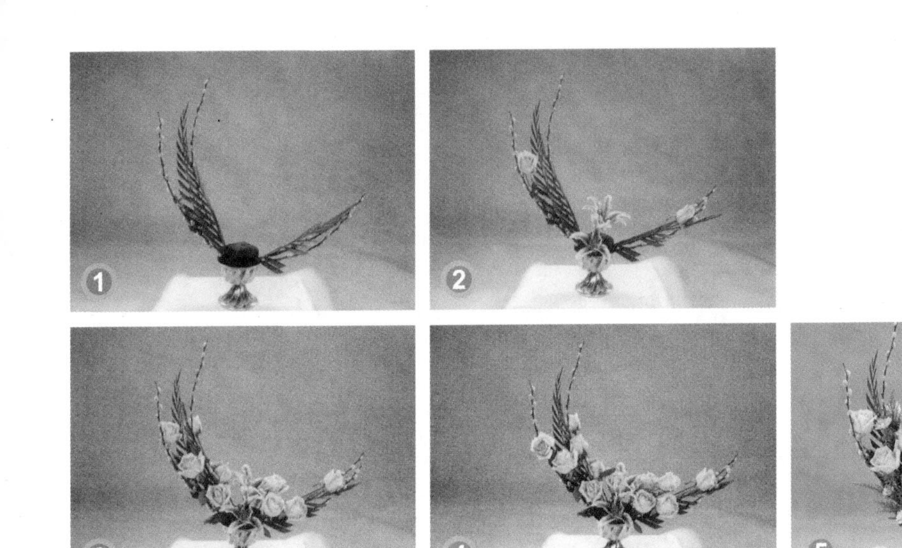

图1-24 基本弯月形插花制作程序

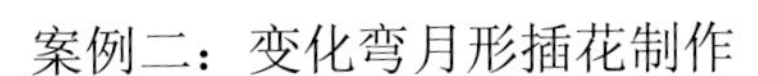

案例二：变化弯月形插花制作

花材：桃红色月季、黄色情人草、芦笋叶、迷你竹、蓬莱松、狗尾草

花器：果绿色高脚酒杯

制作程序：

第一步：在小酒杯上放置花泥，用蓬莱松盖好，把两个迷你竹编织成的菱形作上弯线和下弯线。

第二步：沿两条弧线的走势插上桃红色月季，既是焦点也作主花。

第三步：插入芦笋叶作衬叶。

第四步：用黄色情人草、狗尾草作补花，完工。

图1-25 变化弯月形插花制作程序

2.2.4 斜三角形插花制作

案例一：基本斜三角形插花制作

花材：向日葵、红掌、郁金香、玉兰、月季、马蹄莲枝干

花器：花纹瓶

制作程序：

第一步：先插入郁金香、向日葵、红掌，打出斜三角的骨架。

第二步：插入玉兰、月季做焦点。

第三步：最好插入马蹄莲枝干、增强作品的立体感，完工。

图1-26 基本斜三角形插花制作程序

案例二：变化斜三角形插花制作

花材：芍药花、棕竹叶、向日葵、白色穗花、黄色果穗、木贼、尤加利叶、红色芦苇

花器：白色高瓶

制作程序：

第一步：插入弯曲过的木贼、红色芦苇、白色穗花定作品高度和外形骨架。

第二步：插入向日葵做焦点花。

第三步：插入芍药花、尤加利叶和棕竹叶完善花形。

第四步：最好插入黄色果穗填充空间，完工。

图1-27 变化斜三角形插花制作程序

2.3 自然式（东方式）插花的基本型

东方式基本花型一般都由三个主枝构成骨架，在各主枝的周围，插些长度不同的辅助枝条以填补空间，使花型丰满并有层次感，我们将最长的花枝称为第一主枝，以此类推。

第一主枝是最长的枝条，一般选取具有代表性的枝条作为第一主枝，花材应选用生长旺盛健康、枝形优美流畅的枝条或花朵。第一主枝的插放位置决定花型的基本形态，如直立、倾斜或下垂。第一主枝的长度取花器高度与直径之和的1.5—2倍，一般盆插取1.5倍，瓶插取2倍。第二主枝是协调第一主枝、使之更为完美的枝条，第二主枝一般与第一主枝使用同一种花材，以弥补第一主枝之不足，向前倾斜的空间伸展，使花型具有一定的宽度和深度，呈现立体感。其长度应为第一主枝的1／2或3／4。第三主枝是起稳定作用的枝条，主要作用是使花型得以均衡。可与第一、第二主枝取同一花材，也可另取其他花

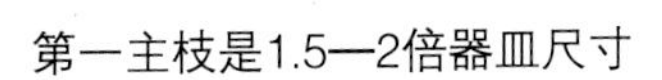

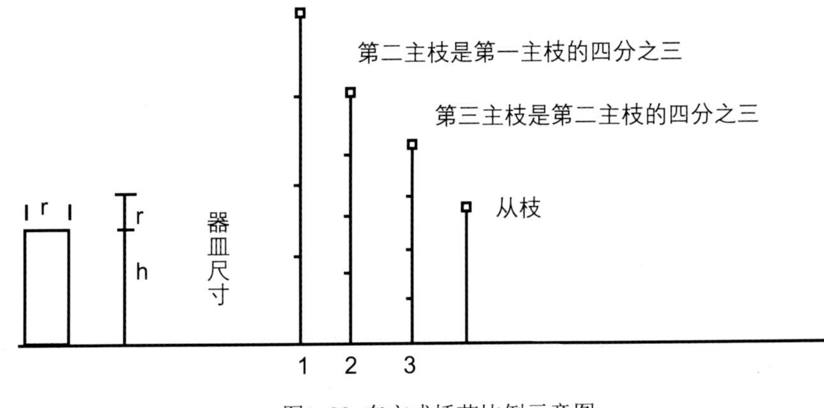

图1-28 东方式插花比例示意图

材，若第一、第二主枝用了木本花材时，则第三主枝可选草本花材，以求形体和色彩有所变化，它的长度应是第二主枝的1／2或3／4。从枝是陪衬和烘托各主枝的枝条，其长度应比它所陪衬的枝条短，辅助于各个主枝的周围，数量根据需要而定，能达效果即可。一般选用与主枝相同的花材，若三主枝都选择了木本的花材，则辅助枝应选草本花材。各枝条的相互位置和插枝角度不同，则花型就有所不同，可以变换出许多花型，增加作品的变化性。

2.3.1 直立形插花制作

直立型主要表现植株直立生长的形态，总体轮廓应保持高度大于宽度，呈直立的长方形状。直立型插花将第一主枝保持10～15度，基本上成直立状插于花器左方，第二主枝向左前插成45度，第三主枝向右前插成75度，注意三个主枝不要插在同一平面内，应成一个有深度的立体，故第二、第三主枝一定要向前倾斜，主枝位置插定后，还要插入焦点花。焦点花应向前倾斜，让观赏者可以看到最美丽的花顶部分，同时因花顶部分面积较大，可以遮掩剑山和杂乱的枝茎。焦点处绝不能有空洞或看到一堆不雅的枝茎。因花型有向前的倾向，因此最后还要在第一主枝旁插一枝稍短的后补枝，修补背面，使重心拉回，既有稳定作用又增加花型的透视感。主枝之间要留有空间，不要把空间填塞。第一主枝也可插在右方，第二、第三主枝的位置、角度也要相应变化，这样形成逆式插法插花。最后再插上陪衬的从枝，完成造型。

案例一：基本直立形插花制作

花材：龙柳、铁炮百合、大黄菊、小白菊、龟背叶

容器：浅灰龟裂瓷盆、剑山

制作程序：

第一步：第一主枝（大黄菊作主枝）是器皿尺寸的1.5～2倍，保持10～15度，基本上成直立状插于花器。第二主枝是第一主枝的3/4，向左前方倾斜45度，第三主枝是第二主枝的3/4，向右前方倾斜75度，形成三个立体层次。插入龙柳作衬托。

第二步：加插龟背叶，增加作品的层次、深度和平衡感。

第三步：插入大黄菊作焦点花。

第四步：在各主枝前分别插上各自的从枝铁炮百合，作另一焦点花，从枝高度是主枝的1/2左右。最好插入小白菊作点缀，完工。

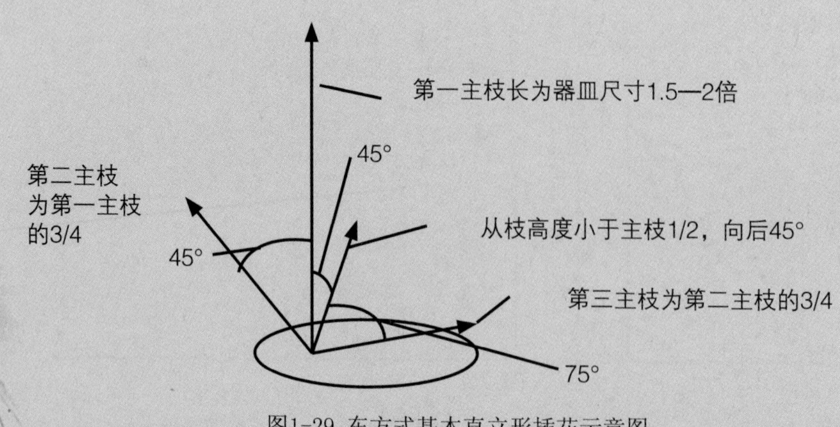

图1-29 东方式基本直立形插花示意图

图1-30 东方式基本直立形插花制作程序

案例二：变化直立形插花制作
花材：蛇鞭菊、铁炮百合、小黄菊
容器：天蓝色三角盆
制作程序：
第一步：用蛇鞭菊作为盆花的3个主枝，形成3个立体层次。
第二步：用3枝铁炮百合作为3个主枝的从枝。
第三步：把一枝最大、最鲜艳的铁炮百合作为盆花的焦点，并衬托一些小黄菊，完工。

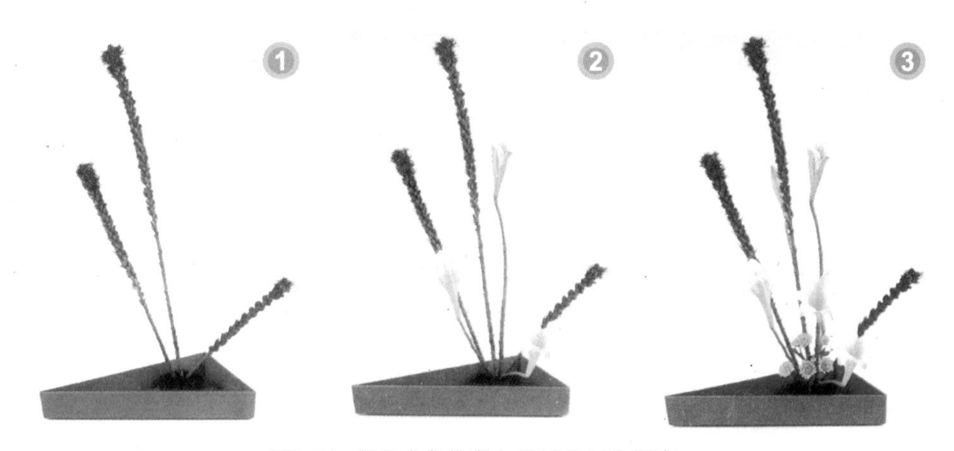

图1-31 东方式变化直立形插花制作程序

2.3.2 倾斜形插花制作

倾斜型将主要花枝向外倾斜插入容器中，利用一些自然弯曲或倾斜生长的枝条，表现其生动活泼、富有动态的美感。宜平视观赏。总体轮廓应呈倾斜的长方形，即横向尺寸大于高度，才能显示出倾斜之美。倾斜型是使第一主枝向左前成45度倾斜，第二主枝插成15度，第三主枝向右前插成75度，同样，第一主枝也可向右45度倾斜，第二、第三主枝的位置、角度也随之变化，形成逆式插法。

案例一：基本倾斜形插花制作

花材：龙柳、铁炮百合、大黄菊、小白菊、龟背叶

容器：浅灰龟裂瓷盆、剑山

制作程序：

第一步：将一长一短两枝龙柳作为第一主枝，向右前方倾斜45°。

第二步：插上3片龟背叶作衬托，增加层次感。

第三步：插上3枝铁炮百合作第二、三主枝，也作焦点花。

第四步：最后插入小白菊，完工。

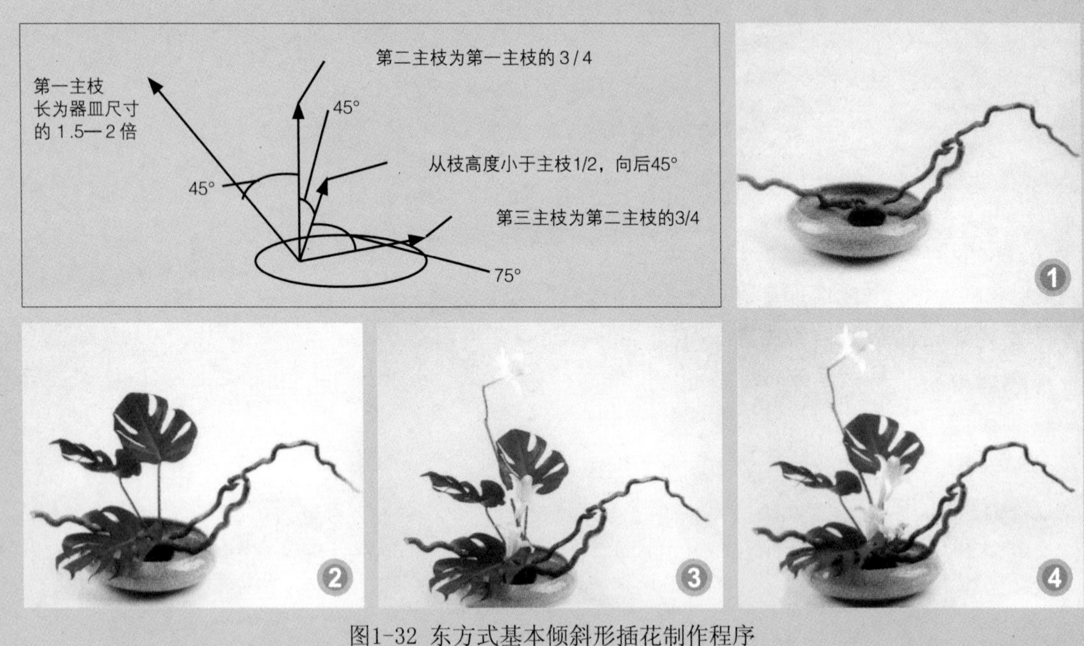

图1-32 东方式基本倾斜形插花制作程序

案例二：变化倾斜形插花制作

花材：枯枝、星点木、向日葵、小白菊

容器：黑色圆盆

制作程序：

第一步：用枯枝作为盆花的第一主枝。

第二步：把向日葵为焦点花。

第三步：用星点木作为第二主枝及衬叶。最好插入小白菊，完工。

图1-33 东方式变化倾斜形插花制作程序

3. 现代花艺理念和技法

3.1 现代花艺发展历程

现代花艺是在传统插花艺术基础上发展起来的更具现代气息和丰富艺术表现力的插花艺术。它是利用花卉和各种新型材料进行表现的造型艺术，以其较广的艺术表现性和实用装饰性，逐渐成为现代社会生活不可缺少的重要组成部分，有着广阔的前景。欧美的现代花艺在20世纪初奠定了基础，1960年后被大多数花艺设计者接受并在设计中广泛应用，以荷兰新的插花造型——平行设计的产生作为划分西方传统插花和现代插花的标志。日本插花由中国传入后，形成了许多流派，其中创建于1926年的草月流的自由花，成为日本现代插花的先期代表。1953年日本插花传入西方后倍受重视和喜爱，西方的现代插花中开始融入东方的线条表现，由此现代插花艺术开始在世界各国广泛地传播和发展。我国插花艺术起始较早，但现代花艺兴起则较晚。20世纪80年代改革开放后，随着对外交流的增加，现代花艺开始传入国内，近年来发展很快，但目前仍处于发展前期的上升阶段。

3.2 现代花艺设计技法

随着现代花艺的发展，原有插花造型手法已不能满足创作需求，于是出现了一些新的技艺与造型手法，以适应人们现代生活审美日新月异的变化。

（1）架构　花艺的架构是插花表现的立体构成，也是工艺结构、图案、肌理等方面的综合构成。花艺用架构这种表现方式，改变了人们对花的理解，也创造了新的花文化。在今天，架构成了现代花艺的骨骼。如果我们将花艺比喻为建筑，那么构成建筑的主体结构就是架构。传统插花中花瓶是支撑花材的支架，花材通过倚靠瓶壁展现姿容。而现代花艺的架构则带领人们穿越时空的限制，让人们获取创作的源泉。

从严格意义上讲，现代花艺的架构并不十分明确，其构成方式可以采用编织技法，也可以采用捆绑技法；可以是立体的，也可以是平面的。架构具有工艺性，但不是简单机械的重复。

图1-34 架构

（2）分解、重组　将植物器官分解，让它的枝、叶、果、花分离或将某一部分分解剖开，再以另一种形态重新组合，创造出新的造型素材，产生奇异的效果。

图1-35 分解、重组

（3）群聚或组群　把同样的花材或同色的花材有规律地聚集在一起，形成团状、块状、线状的插作方法。将众多同样的花材聚集在一起，形成一个大色块，可以给人的视觉形成极大地冲击力。群聚根据花材聚集的方法可分为块状团聚、螺旋团聚、环状团聚、平

行团聚等；将各群聚单位进行有机的排列组合称组群。组群有阶梯组群、重叠组群、上下组群、水平组群等。用相同的材料，以组群的方法聚集在一起，形成平台，平台与平台之间，产生错落的层次感，形成阶梯的效果。而层叠是以组群方式创造质感的一种技巧，材料与材料之间的空间可以不相同，创造出三维立体质感。

图1-36 组群

（4）镶边　在作品的外围用绿叶或其他材料处理出一圈皱边，作品完成后露出外圈或全部隐藏的一种设计技巧。

图1-38 镶边

（6）透视　用各种材料，以层层重叠的方式插作，视觉上较轻的材料在外层，覆盖主视面，以表现朦胧、轻盈的感觉，透明的覆盖效果，形成创造空间。遮蔽手法所用的材料一般选用较细的枝条和细碎叶子。

图1-39 透视

（7）阶梯　用相同的材料，以组群的方法群集在一起，形成平台，平台与平台之间，产生错落的层次感，形成阶梯的效果。

图1-40 阶梯

（8）螺旋　插入的花材表现一种清晰、单一方向的线条流动，以圆圈方向向上、下、内、外延伸。

图1-41 螺旋

（9）捆绑　是指将一定数量的花材集中捆绑成束，用以增加花材的质量感和力度。捆绑的手法自由，没有太多的限制，依实际需要使用。捆绑可以用线、绳、绿铁丝或缎带等材料，把花梗或花茎捆绑固定，或绑插成插花构架，还可以起到装饰效果。

图1-42 捆绑

（10）铺垫　把剪短的花材一枝紧靠一枝地插在底部，就像是平铺卵石般，用作插在底部掩盖花泥。为求变化，可采用组群式的插法，块状、线状、点状、面状花材都可以。

图1-43 铺垫

（11）加框　是一种营造视觉焦点的设计技巧，即在花形的外面加上另外的框架或直接用花材做框架。从而设计周界，界内成为被关注的区域，周界可采用全部或部分框住，如一副画的画框。可用现成的画框，也可以用枝条、金属、藤来做，如花框、柳条、紫藤、塑料条等。

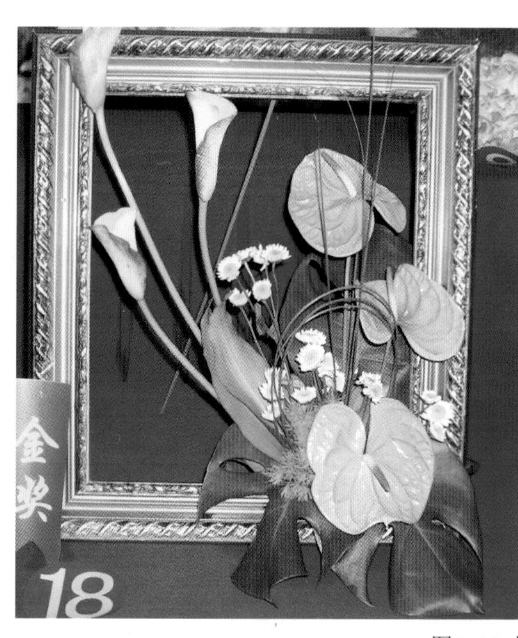

图1-44 加框

（12）重叠　重叠就是把平面状的花或叶片一片重在一片之上，每片之间的空隙较小。通常用于最底部遮盖花泥，并表现花材重叠之美。

图1-45 重叠

（13）串连　是用线、金属丝、竹针、花茎等作为串材，将叶片、花朵、果实、短枝、贝壳等串连成长条状的装饰物。

图1-46 串连

（14）粘贴　是将叶、花、果、枝等素材，通过粘贴技巧重新组合，使原本单调的花器、桌面、背板等物体的表面产生不同的纹理，创造出特异的插花作品。一般鲜花材料用冷胶粘贴，枝条和干燥花用热胶粘贴。

图1-47 粘贴

（15）卷曲　将具有一定韧性的材料进行弯曲造型的一种手法。

图1-48 卷曲

（16）编织　将柔软可以弯折的材料以合适的角度交织组合，它有些类似于传统的编筐、织布等的编织。在插花艺术中，可以来编织的材料主要有熊草、麦冬叶、剑叶、桔梗、一叶兰等观叶植物，以及银柳、木贼等植物的茎杆，有的植物的花茎也能够编织。

图1-49 编织

计 划 单

学习领域	花艺环境设计		
学习情境 1	基础插花与花艺创作	学时	32
计划方式	小组成员团队合作共同制定工作计划		
序号	实施步骤	使用资源	
1			
2			
3			
4			
5			
6			
7			
8			
9			
10			
制定计划说明			
计划评价	班级：	第　　组	组长签字：
	教师签字：		日期：
	评语：		

决 策 单

学习领域	花艺环境设计						
学习情境1	基础插花与花艺创作					学时	32
方案讨论							
方案对比	组号	经济性	美观性	创新性	可行性	完成性	综合评价
	1						
	2						
	3						
	4						
	5						
	6						
方案评价	评语：						
班级：		组长签字：		教师签字：		日期：	

材料工具清单

学习领域	花艺环境设计				
学习情境1	基础插花与花艺创作			学时	32
项目	序号	名称	作用	数量	规格
工具、道具、辅助材料	1	剪刀	修剪	1	
	2	玫瑰钳	修剪	1	
	3	小刀	修剪	1	
	4	老虎钳	修剪	1	
	5	剑山	固定	2	
	6	鲜花花泥	固定	若干	
	7	绿胶带	固定	若干	
	8	绿铁丝	固定	若干	
	9	金属网	固定	若干	
	10	垫座、配件	辅助	若干	
	15	塑料桶	容器	2	
	16	塑料针碟	容器	1	
	17	瓷花盘	容器	1	
	18	喷水壶	装饰	1	
	19				
	20				
	21				
	22				
	23				
	24				
	25				
花材		玫瑰、非洲菊、百合、黄金鸟、情人草、蓬莱松等新鲜花材		以决策单为依据购置	
班级		第　　组	组长签字： 教师签字：		

实 施 单

<table>
<tr><td>学习领域</td><td colspan="3">花艺环境设计</td></tr>
<tr><td>学习情景1</td><td>基础插花与花艺创作</td><td>学时</td><td>32</td></tr>
<tr><td>实施方式</td><td colspan="3"></td></tr>
<tr><td>序号</td><td colspan="2">实施步骤</td><td>使用资源</td></tr>
<tr><td>1</td><td colspan="2"></td><td></td></tr>
<tr><td>2</td><td colspan="2"></td><td></td></tr>
<tr><td>3</td><td colspan="2"></td><td></td></tr>
<tr><td>4</td><td colspan="2"></td><td></td></tr>
<tr><td>5</td><td colspan="2"></td><td></td></tr>
<tr><td>6</td><td colspan="2"></td><td></td></tr>
<tr><td>7</td><td colspan="2"></td><td></td></tr>
<tr><td>8</td><td colspan="2"></td><td></td></tr>
<tr><td>9</td><td colspan="2"></td><td></td></tr>
<tr><td>10</td><td colspan="2"></td><td></td></tr>
<tr><td colspan="4">实施说明：</td></tr>
<tr><td>班级</td><td colspan="2">第 组</td><td>日期：</td></tr>
<tr><td colspan="2">教师签字：</td><td colspan="2">组长签字：</td></tr>
</table>

学习情境2

婚礼花艺设计与制作

任 务 单

【学习领域】

花艺环境设计

【学习情境2】

婚礼花艺设计与制作

【建议学时】

20

【布置任务】

学习目标：

1. 能够绘制婚礼花艺设计作品效果图。

2. 能够编制婚礼花艺设计方案。

3. 能够设计和制作新人胸花。

4. 能够设计和制作新娘捧花。

5. 能够进行婚车花艺装饰设计和施工。

6. 能够进行婚宴现场花艺环境设计和施工（包括迎宾牌花艺、签到台台花、鲜花拱门、鲜花路引、婚宴桌花、婚庆舞台花艺）。

任务描述：

现有一对新人来到花店，需要花店提供下列花艺服务：

1. 五枚胸花（新郎一枚，双方父母共四枚，要求用玫瑰作主花）。

2. 一个新娘捧花。

3. 一辆婚车的花艺装饰。

4. 婚宴现场花艺设计与施工（包括迎宾牌花艺、签到台台花、鲜花拱门、鲜花路引、婚宴桌花、婚庆舞台）。

5. 要求整个婚庆花艺设计色调清爽素雅、欧式现代花艺风格、花艺作品经济美观、与众不同。

【学时安排】

资讯2学时

计划2学时

决策2学时

实施12学时

评价2学时

【提供资料】

1．谢利娟．插花与花艺设计．北京：中国农业出版社，2007

2．曾端香．插花艺术．重庆：重庆大学出版社，2006

3．王莲英，秦魁杰．插花花艺学．北京：中国林业出版社，2009

4．吴龙高，诸秀玲．花之舞婚庆花艺．杭州：浙江大学出版社，2007

5．阿瑛．花艺课堂婚庆花．长沙：湖南美术出版社，2008

6．林庆新，叶丽芳．实用花艺花车制作精选．广州：广东经济出版社，2007

7．蔡仲娟．初中级插花员职业资格培训教材．北京：中国劳动和社会保障出版社，2007

8．中国花艺论坛：http://www.cfabb.com/bbs/

9．都市花艺论坛：http://www.dshyw.com/bbs/

【学生要求】

1．理解婚礼花艺设计相关理念。

2．掌握插花相关工具的正确使用方法和技巧。

3．掌握常见插花花材的处理手法和技巧。

4．端正工作态度、提倡团队合作。

5．自尊、自信、尊重父母、尊重客户、尊重教师。

6．爱护插花工具、花材和辅材物尽其用、避免浪费。

7．本学习情景工作任务完成后，提交资讯单、评价单和教学反馈单。

资 讯 单

【学习领域】

花艺环境设计

【学习情境2】

婚礼花艺设计与制作

【学时】

20

【资讯方式】

在图书馆、专业刊物、互联网络及信息单上查询问题；资讯任课教师

【资讯问题】

1．请简述婚庆花艺的设计理念。

2．请简述婚庆花艺设计的内容。

3．请简述新人胸花的类型和制作要点。

4．请简述新娘捧花的类型和制作要点。

5．请简述婚车花艺装饰的类型和制作要点。

6．请简述婚宴现场花艺设计和施工的内容和制作要点。

【资讯引导】

1．问题1—8可以参考蔡仲娟主编的《初中级插花员职业资格培训教材》和曾端香主编的《插花艺术》。

2．问题9—11可以查阅谢利娟主编的《插花与花艺设计》。

3．问题12—14可以查阅阿瑛主编的《花艺课堂婚庆花》。

4．问题15可以查阅李方主编的《插花与花艺设计》和王莲英主编的《插花花艺学》。

5．问题16可以查阅吴龙高主编的《花之舞婚庆花艺》和林庆新主编的《实用花艺花车制作精选》。

6．问题17可以查阅中国花艺网和都市花艺网。

信 息 单

【学习领域】

花艺环境设计

【学习情境2】

婚礼花艺设计与制作

【学时】

20

【信息内容】

1. 婚礼花艺设计理念

婚礼花艺花材选择的原则是：花大、色艳、新鲜、寓意好。花大是指花朵的体量要大，花朵的开放度要大，即应该选择处于盛花期的花朵；色艳是指花朵的颜色要艳丽、浓烈，体现婚礼喜庆的氛围，现代欧式婚礼花艺中崇尚色彩素雅的风格另当别论；新鲜是指花朵离开母体的时间较短、保鲜度高、整体完好、损伤程度小；寓意好是指鲜花品种本身的寓意要好，如百合寓意百年好合、天堂鸟寓意比翼双飞、月季寓意美好爱情、红掌寓意心心相印等。

婚礼花艺涉及的花艺作品较多，尽量统一色调（红色系列、粉色系列、蓝色系列、绿色系列等），风格鲜明（中式、欧式、现代式等）。

婚礼花艺常用花材品种有：月季、百合、红掌、天堂鸟、情人草、勿忘我、非洲菊、桔梗、洋兰等；常用叶材品种有：天门冬、蓬莱松、满天星、剑叶、巴西叶、散尾葵、龟背叶、八角金盘等。

图2-1 婚礼花艺装饰常用花材

2. 婚礼花艺设计和制作的主要内容

婚礼花艺设计和制作的主要内容有：胸花、新娘捧花、婚车花艺装饰、婚宴现场花艺装饰（包括迎宾牌花艺、签到台花艺、鲜花拱门、鲜花路引、婚宴桌花、婚宴舞台花艺等）。

2.1 婚礼胸花的设计与制作

2.1.1 婚礼胸花的设计理念

婚礼胸花是指在新人胸前佩戴的花艺作品，主要由主花、副花和装饰材料三部分组成。胸花所用的主花以月季为主，副花常用满天星、情人草、勿忘我、文竹、蓬莱松、天门冬、高山羊齿等花材，装饰材料包括绿胶带、绿铁丝、蝴蝶结、别针等。胸花所用花材尽量与新娘捧花所用花材在品种和色调上相协调和呼应，同时胸花的色彩与尺寸规格应该与新人服装颜色、款式和新人身材相协调。一般应一次性制作五个婚礼胸花作品，新郎一个，新人双方父母共四个，新郎的胸花尽量与父母的胸花有所区别，以新郎胸花为设计和制作重点。胸花主花要体量突出、配叶应突出线条感，填充花材应饱满，胸花造型整体感强、干净利落。

婚礼胸花常见造型以不等边三角形为主，还有圆形、方形、弯月形、S形、悬垂形、自由形等造型。

2.1.2 婚礼胸花制作案例

案例一：玫瑰胸花制作

花材：香槟玫瑰、雏菊、高山羊齿

制作程序：

第一步：以一枝香槟玫瑰为主花，玫瑰底部以雏菊来填充和丰满胸花造型。

第二步：在主花后面加入高山羊齿，突出叶材的线条感，增加胸花的层次感。

第三步：调整花材之间的位置关系，高低错落，疏密有致，用绿胶带缠绕花茎，固定成束，最后系上金丝带蝴蝶结，增强装饰感，提升胸花档次，在蝴蝶结后面水平插入别针，完工。

图2-2 玫瑰胸花制作程序

案例二：百合胸花制作

花材：香水百合、洋桔梗、雏菊、高山羊齿

制作程序：

第一步：以一枝香水百合为主花，以高山羊齿为配叶，放置于百合后面，增加作品层次感。

第二步：在香水百合前面底部加入雏菊，填充和丰满胸花造型。

第三步：调整花材之间的位置关系，高低错落，疏密有致，用绿胶带缠绕花茎，固定成束，最后系上高档布艺蝴蝶结，增强装饰感，提升胸花档次，在蝴蝶结后面水平插入别针，完工。

图2-3 百合胸花制作程序

2.2 新娘捧花的设计与制作

2.2.1 新娘捧花的设计理念

新娘捧花的设计应从造型、色彩、风格方面与新娘的服饰、形体、发型、脸型、气质等相协调。新娘捧花常见的造型有花束形捧花（无花泥）、球形捧花、瀑布形捧花、弯月形捧花、架构形捧花、异形捧花等。修长窈窕型的新娘，可采用弯月形捧花设计，可衬托出新娘平衡、优雅和庄重的风采；矮小丰满型的新娘，可采用瀑布形捧花设计，在视觉上可以起到增加新娘身高的效果；娇小玲珑型的新娘，可采用球形捧花设计。

球形捧花是目前最为流行的新娘捧花造型，造型容易控制，效果也好，有庄重感，常用的花材有月季、桔梗、满天星、情人草、天门冬、蓬莱松、巴西叶、剑叶等；瀑布形捧花风格大气，体量较大，枝条主干下垂，动感十足、落落大方，造型难以控制，需要熟练手法和技巧才能完成，重点是保证整体造型的流线形，整体造型应左右匀称、上下流畅，过渡自然，避免过大的凹凸感，常用的花材有月季、百合、非洲菊、桔梗、散尾葵、兰草叶、星点木、长春藤、文竹、剑叶、巴西叶、天门冬、蓬莱松等；弯月形捧花造型别致，有对称和不对称两种造型，以不对称弯月形造型最为常见，主花集中在中部，两端逐渐稀疏，左右不对称，造型流畅，似一轮明月，无凹凸感，常用花材有月季、百合、桔梗、非洲菊、巴西叶、散尾葵、星点木、剑叶、天门冬、蓬莱松等。

新娘捧花制作过程中，必须保证花材固定牢固，瀑布形捧花和弯月形捧花制作过程中，由于花材下垂，更容易脱落，因此更要将花材固定牢固，常用的固定花材方法有：花枝基部缠绕铁丝后在插入花泥，可以加大牢固程度，不易脱落；花枝基部保留一小段枝刺，以增加插入花泥的接触面，增加牢固度；带状叶材基部可修剪成倒钩锯齿状，可有效防止叶材脱落。

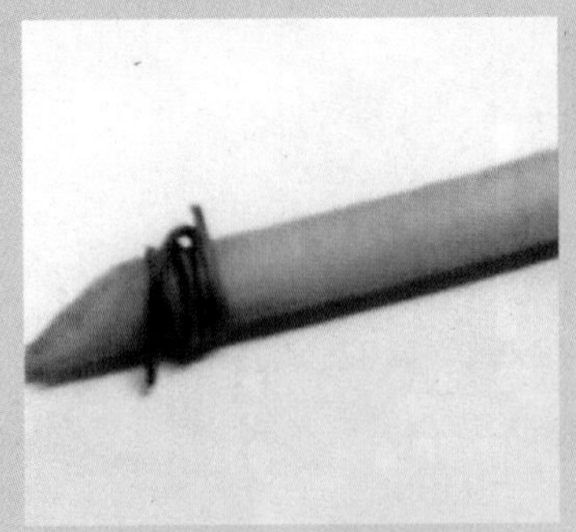  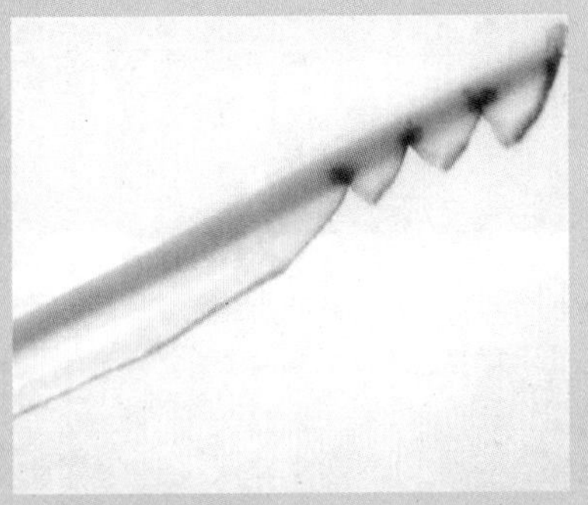

图2-4 新娘捧花花材固定技巧

2.2.2 新娘捧花制作案例

案例一：瀑布形捧花制作

花材：散尾葵、铁炮百合、粉玫瑰、黄莺、剑叶

制作程序：

第一步：将散尾葵修剪呈细长形，作为框架花材，长短不一地插入花托花泥中，形成瀑布形基本轮廓。

第二步：为避免造型呆板，插入长短不一的剑叶，增加层次感、活泼感。

第三步：由内而外、先短后长插入铁炮百合、增强瀑布流线形。

第四步：插入主花粉玫瑰、丰满上部造型，最后插入黄莺来遮盖花泥、完工。

图2-5 瀑布形新娘捧花制作程序

案例一：弯月形捧花制作

花材：非洲菊、粉玫瑰、巴西叶、剑叶、高山羊齿

制作程序：

第一步：插入长短不一的巴西叶，形成左右不对称的弯月形捧花轮廓。

第二步：为避免造型呆板，插入长短不一的剑叶和高山羊齿，增加层次感。

第三步：由内而外、插入粉色非洲菊、增强弯月形轮廓感。

第四步：插入粉玫瑰充当焦点花、丰满中间造型，完工。

图2-6 弯月形新娘捧花制作程序

2.3 婚车花艺装饰设计与制作

2.3.1 婚车花艺装饰的设计理念

婚车一般由八个面组成，分别是正垂直面、前盖板、前玻璃面、车顶、后玻璃面、后盖板、左侧面和右侧面。前后玻璃面是司机安全驾驶的重要保证，所以尽量避免装饰花材，保证司机的良好驾驶视线；左右侧面是人员进出的通道，花艺装饰以不妨碍人员上下车为宜，多在车门把手上采用蝴蝶结或单朵花装饰，婚车的正垂直面、前盖板、车顶、后盖板是花艺装饰的重点，前盖板面积较大，低于人的视线，又处于车体正前方，花艺装饰的优劣直接影响整体效果，是婚车花艺装饰的重中之重。

婚车花艺装饰设计的整体原则是：线条流畅、面面呼应、局部动势、整体平衡、色彩和谐、寓意深刻。

婚车的各个面相对死板，设计时需要通过线条来打破僵局，线条变化主要体现在横竖两个方面，但竖向不宜过于繁杂，以免影响驾驶员的安全视线；在单体设计时，应该有动势，切忌千篇一律，对于整个婚车而言，各个局部区域单体的动势应进行有机组合，使得婚车整体不至于过分倾斜而失去重心；婚车色彩对比不宜过于强烈、应以一种色调为主，其他色调搭配和谐。婚车花艺装饰所用花材应该寓意美好，常用品种有月季、非洲菊、百合、天堂鸟、红掌、桔梗、马蹄莲、跳舞兰、满天星、勿忘我、龟背叶、八角金盘、天门冬、蓬莱松、剑叶、散尾葵等。

婚车花艺装饰色彩与车体颜色有一定的对应关系，婚车本身车体颜色不同对应不同的情感诉求，应选择最佳的花材色彩来搭配。

车体颜色	情感诉求	搭配花材色彩
白色	纯洁清爽	红色
		粉色
		香槟色
黑色	永恒稳重	粉色
		香槟色
		金黄色
银色	精致明亮	粉色
		红色
		橙色
香槟色	高贵典雅	红色
		粉色
		绿色
红色	热情奔放	粉色
		香槟色
		绿色
蓝色	永恒博大	粉色
		香槟色
		橙色

表2-1 婚车车体颜色与花材色彩的搭配关系

婚车花艺装饰造型的有不同的分类标准，按照所用花材数量的多少和价值的高低可分为经济型、实用型和豪华型婚车；按照整体配置关系可分为对称形婚车装饰和不对称形婚车装饰；按照花艺作品形状可分为单心形、双心形、V字形、U字形、S形、平铺式、并列式、单组式、两组式、多组式、组字式等婚车装饰。

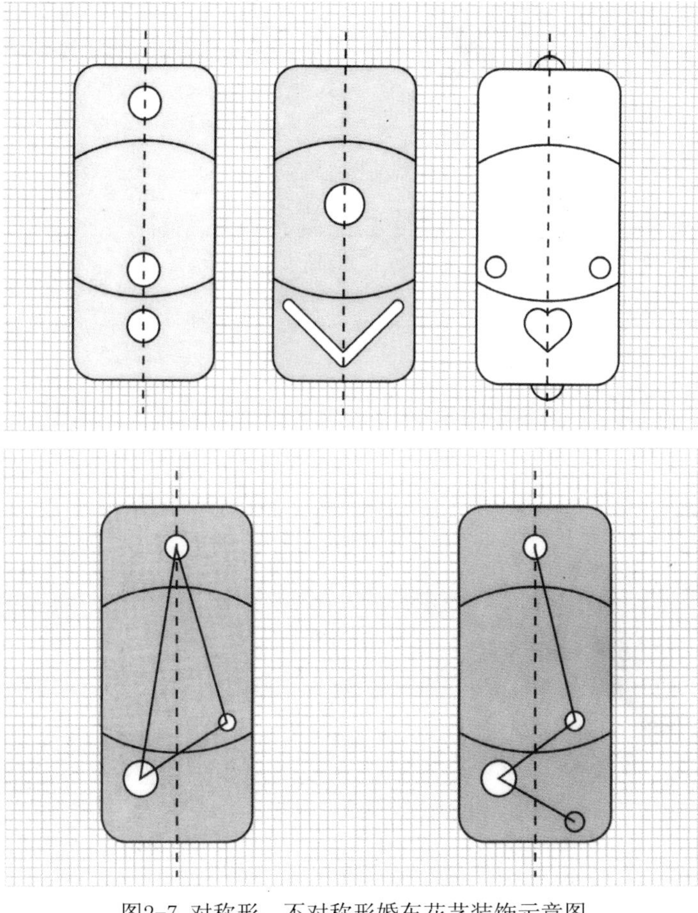

图2-7 对称形、不对称形婚车花艺装饰示意图

除花材外，婚车花艺装饰常用的装饰材料和道具有：纱网、蝴蝶结、卡通玩偶、喜字贴纸、车牌贴纸、汽球、吸盘等。

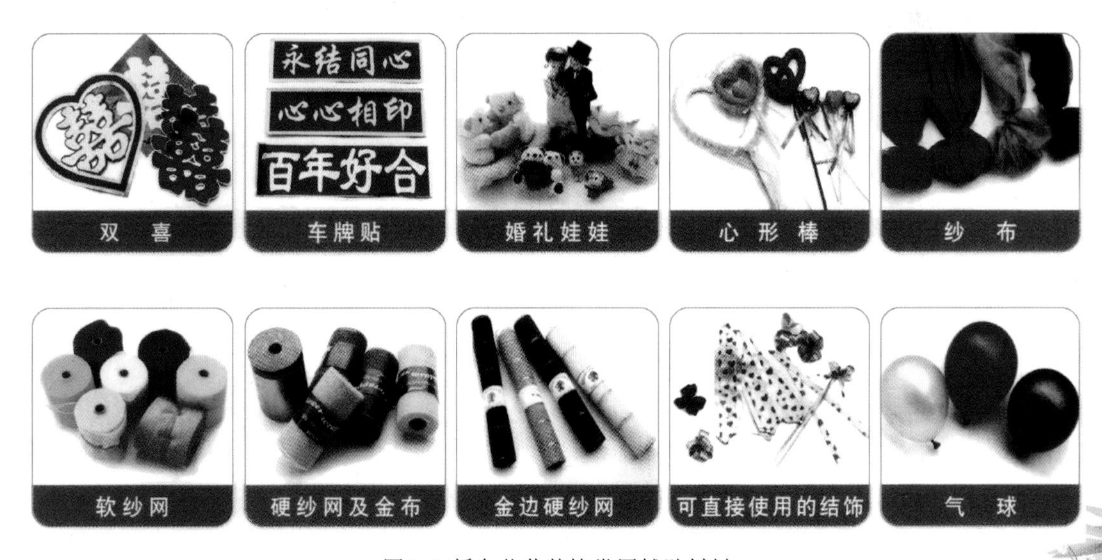

图2-8 婚车花艺装饰常用辅助材料

婚车重点部位的花艺装饰注意事项：花泥一定要吸水充分，一方面利于花材保鲜持久，另一方面增加花泥总量，增强花泥稳定性，防止车辆行驶过程中，由于车辆颠簸导致花泥移动甚至滑落；建议在车体装饰部位喷水，保证吸盘能够排除多余空气，增强吸盘的吸力。

婚车前盖板花艺装饰的技术要点：花体整体高度原则上不超过30厘米，以保证驾驶员的安全驾驶视线；前盖板的宽窄和弧度是花艺造型设计依据的重要因素。

婚车车顶花艺装饰的技术要点：前后车顶车眉部位可采用横向花体设计，以增加正面观赏的视觉宽度；车顶的花艺作品体量不宜过高，以减小车辆行驶阻力。

婚车后盖板花艺装饰的技术要点：后盖板花艺装饰是前盖板花艺装饰的有效补充和延伸，不可喧宾夺主，起到辅助和陪衬作用即可。

丝带、缎带、纱网、汽球等辅助材料的合理应用，可以起到烘托主题、渲染气氛的明显效果。

图2-9 婚车花艺装饰常用固定道具

2.3.2 婚车花艺装饰案例

案例一：单组式婚车花艺装饰

花材：粉玫瑰、非洲菊、百合、剑兰、散尾葵、剑叶、巴西叶、黄莺

制作程序：

第一步：用吸盘固定花泥到婚车前盖板上。

第二步：将散尾葵修剪后呈放射状插入花泥侧面右前方。

第三步：放射状插入巴西叶，完成作品框架轮廓。

第四步：右前方水平插入剑叶，增强作品的线条感、放射感和动感。

第五步：在花泥正上方插入盛开的香水百合，充当焦点花。

第六步：水平方向插入粉玫瑰和非洲菊，丰满造型。

第七步：水平插入剑兰，与剑叶同方向，增强线条感。

第八步：有层次地插入粉玫瑰，继续丰满造型。

第九步：采用弯曲技法插入巴西叶、插入黄莺，填充空隙、遮挡花泥。

第十步：用粉色软纱网在车前盖板和车侧面进行辅助装饰，完工。

图2-10 单组式婚车花艺装饰制作程序

案例二：V字形婚车花艺装饰

花材：粉玫瑰、粉百合、红掌、春羽叶、散尾葵、情人草、高山羊齿

制作程序：

第一步：用吸盘固定花泥到婚车前盖板上，花泥布局呈V字形。

第二步：插入粉玫瑰和春羽叶，完成V字形基本框架。

第三步：在V字形交点处插入粉百合和红掌，充当焦点花，在花材空隙处填充情人草，遮挡花泥，丰满造型。

第四步：在车顶两侧、车后玻璃和车后盖板处用粉色硬纱网做辅助装饰。

第五步：运用近似胸花制作手法，以粉玫瑰、情人草、高山羊齿、心形泡沫棒和粉色硬纱网外材料装饰车把手。

第六步：以红掌、情人草、高山羊齿和金色缎带为材料装饰车辆后视镜。

第七步：前后车牌贴上“百年好合、永结同心”车牌贴，完工。

图2-11 V字形婚车花艺装饰制作程序

2.4 婚庆拱门花艺设计与制作

2.4.1 婚庆拱门花艺设计理念

婚庆拱门从整体形状上主要有半圆形、心形、方形、U形等，在制作手法上，多采用三段式插法，用龟背叶、巴西叶等叶材遮挡铁架、丰满造型、遮挡花泥，用百合、玫瑰、洋兰、洋桔梗等作为主花材点缀其中，这样做的目的，既能达到客户要求的造型效果，又可以节省主花材采购费用，降低造价。

图2-12 婚庆拱门花艺装饰常见造型

2.4.2 婚庆拱门花艺制作案例

案例一：U形拱门仿真花艺制作

花材：香槟玫瑰、白百合、天门冬、肾蕨、跳舞兰等仿真花材

制作程序：

第一步：将花泥填充入U形铁架内并用布条捆绑固定牢固。

第二步：将百合修剪等长尺寸，在同一水平面上呈拱形间隔插入花泥一排，共插入三排百合，两排相邻百合交错，相邻三朵百合构成等边三角形。

第三步：在百合空隙中插入香槟玫瑰，进一步丰满造型。

第四步:在花材空隙处填充天门冬、肾蕨、跳舞兰等叶材，遮挡花泥，丰满造型。

第五步：将两侧立柱固定在基座上，将已完成的拱形上部固定在两侧立柱顶端，并将米黄色纱网褶皱后固定在连接部位，遮挡铁架，丰富层次。

第六步：将已裁剪好的米黄色装饰绸布固定在纱网下部，自然下垂，遮挡立柱和基座，完工。

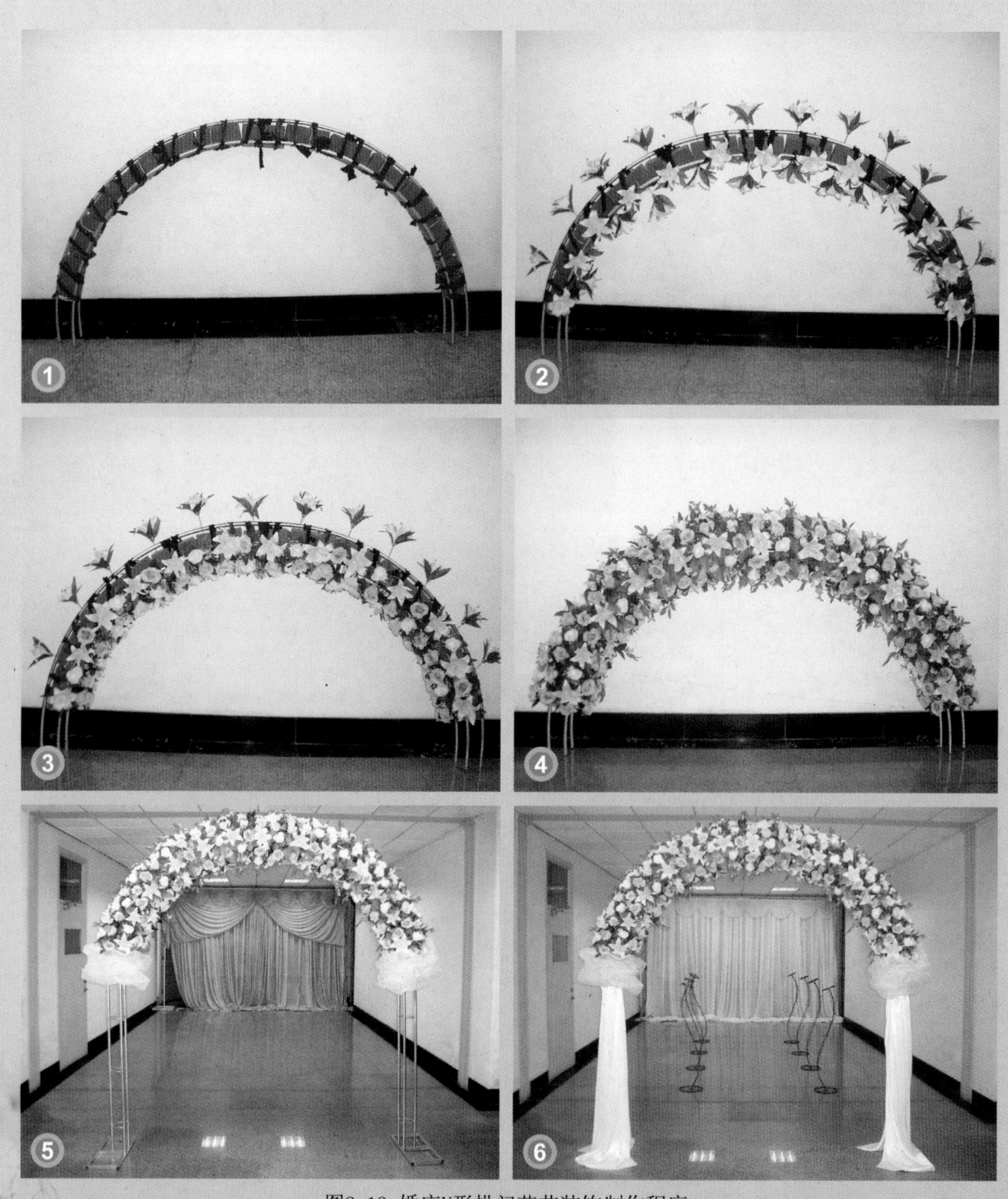

图2-13 婚庆U形拱门花艺装饰制作程序

2.5 婚庆路引花艺设计与制作

2.5.1婚庆路引花艺设计理念

婚宴现场路引的主要作用是作为主路引导作用，其次还提供了更多的花艺装饰空间，常见的路引多为铁制而成，也有铜制、玻璃制、塑料制、木制等材质构成。在上端有一个圆盘用以盛放花泥，是路引插花作品的主要承重部位，从整体造型来看，路引有细圆柱直立形、S形、长方体直立形等造型，就插花造型而言，上部花泥部位常插制成半球形、球形、下部多配以常春藤、巴西叶等呈下垂拖地状，以丰满整体流线形，或以各种颜色的纱质装饰材料包裹。

图2-14 婚庆路引花艺装饰常见造型

2.5.2 婚庆路引花艺制作案例

案例一：下垂形路引仿真花艺制作

花材：香槟玫瑰、白百合、天门冬、高山羊齿、八角金盘、常春藤等仿真花材

制作程序：

第一步：将花泥切割成合适尺寸固定在铁制路引顶部。

第二步：插入两枝已修剪好的白百合，一枝百合头部朝上，一枝百合头部斜向下方长度略长，定出作品外部轮廓。

第三步：在两朵百合之间的空隙处以近似半球形插法插入香槟玫瑰，丰满造型。

第四步：在花泥下部斜向下方插入八角金盘，遮挡花泥。

第五步：在百合和玫瑰空隙处插入天门冬、高山羊齿等填充花材，遮挡花泥，丰满造型。

第六步：在花泥底部插入长短不一的常春藤，使得整个作品呈下垂形，完工。

图2-15 下垂形路引花艺装饰制作程序

2.6 婚宴桌花设计与制作

2.6.1 婚宴桌花设计理念

婚宴桌花在主花花材选择上多选用爱情寓意浓厚的花材，常用玫瑰（象征纯洁爱情，红色表示爱的热烈，白色表示爱的纯洁，粉红色表示爱的浪漫等）、百合（象征百年好合）、天堂鸟（象征比翼双飞）、洋桔梗（紫色表示爱的神秘）等花材作为婚宴桌花的主花花材，再配以情人草、勿忘我等具有爱情寓意的散状花材制作而成。在表现形式上，由于就餐需要，因此婚宴桌花多采用高脚杯或细高形的玻璃瓶作为花器，在花器上部插花，整个桌花作品在餐桌上尽量不占用太多的平面空间，而以直立形竖向造型为主，以节省空间，满足就餐空间需要。当然，有时为了突出婚宴餐桌中的主桌（新郎新娘所属餐桌），也有采用平铺圆形造型来插制婚宴主桌桌花，以示隆重。

图2-16 婚宴桌花常见造型

2.7 婚庆舞台花艺设计与制作

2.7.1 婚庆舞台花艺设计理念

婚庆舞台花艺装饰在整个婚宴现场花艺装饰中起到重要作用，也是最引人注目的花艺装饰部位。婚庆舞台花艺装饰首先应该搭设舞台背景，多采用铁制或不锈钢制作的可以套接的连接构件搭建成背景骨架，再采用“挂窗帘”的方式，将面纱或绒布等装饰材料挂在背景横杆上即完成婚庆舞台背景的基本搭设，在舞台背景中间部位多悬挂大红“囍”字、“Wedding”字样、“百年好合”、“龙凤呈祥”、“某某联姻”、丘比特天使、双心造型或书写有新人双方姓氏或名字的字牌，起到突出婚礼主题的作用。舞台背景搭设完成后，多在背景前的舞台上通过花艺道具放置花艺作品，进一步装饰舞台、渲染气氛，形式多样，采用铁艺架子、木制花架等皆可，要求用花考究，花材新鲜，寓意好，开放度高，色调复合婚礼主题色调。

图2-16 婚庆舞台花艺装饰常见造型

任 务 单

【学习领域】

花艺环境设计

【学习情境3】

会场花艺环境设计与制作

【建议学时】

12

【布置任务】

学习目标：

1．能够绘制会场花艺设计作品效果图。

2．能够编制会场花艺设计方案。

3．能够设计和制作嘉宾胸花。

4．能够设计和制作会议桌花。

5．能够设计和制作会议演讲台花。

6．能够进行会议现场花艺环境设计和施工（包括迎宾牌花艺、签到台台花、会议桌花、会议演讲台花、鲜花路引等花艺）。

任务描述：

现有一个农业职业技能大赛颁奖典礼现场，需要花店提供下列花艺服务：

1．十枚胸花（主持人一枚，莅临的领导嘉宾九枚，要求用玫瑰作主花）。

2．一个演讲台花。

3．一张会议桌花。

4．颁奖礼现场花艺设计与施工（包括迎宾牌花艺、签到台台花、会议桌花、会议演讲台花、鲜花路引等花艺）。

5．要求整个会议现场花艺设计色调清爽素雅、欧式现代花艺风格、花艺作品经济美观、与众不同。

【学时安排】

资讯2学时

计划2学时

决策2学时

实施4学时

评价2学时

【提供资料】

1. 谢利娟. 插花与花艺设计. 北京：中国农业出版社，2007

2. 曾端香. 插花艺术. 重庆：重庆大学出版社，2006

3. 王莲英，秦魁杰. 插花花艺学. 北京：中国林业出版社，2009

4. 劳动和社会保障部教材办公室组织编写. 插花员（中、高级）. 北京：中国劳动社会保障出版社，2004

5. 陈惠仙，刘秋梅. 会场布置精选. 广州：广东经济出版社，2007

6. 王绥枝. 高级插花员培训考试教程. 北京：中国林业出版社，2006

7. 蔡仲娟. 初中级插花员职业资格培训教材. 北京：中国劳动和社会保障出版社，2007

8. 中国花艺论坛：http://www.cfabb.com/bbs/

9. 都市花艺论坛：http://www.dshyw.com/bbs/

10. 花艺师崔亚彬： http://blog.sina.com.cn/mingliuhuayi

【学生要求】

1. 理解会议现场花艺设计相关理念。

2. 掌握插花相关工具的正确使用方法和技巧。

3. 掌握常见插花花材的处理手法和技巧。

4. 端正工作态度、提倡团队合作。

5. 自尊、自信、尊重父母、尊重客户、尊重教师。

6. 爱护插花工具、花材和辅材物尽其用、避免浪费。

7. 本学习情景工作任务完成后，提交资讯单、评价单和教学反馈单。

资讯单

【学习领域】

花艺环境设计

【学习情境3】

会场花艺环境设计与制作

【学时】

12

【资讯方式】

在图书馆、专业刊物、互联网络及信息单上查询问题；资讯任课教师

【资讯问题】

1．请简述会场花艺的设计理念。

2．请简述会场花艺设计的内容。

3．请简述嘉宾胸花的类型和制作要点。

4．请简述会议演讲台花的类型和制作要点。

5．请简述会场主席台桌花花艺装饰的类型和制作要点。

6．请简述会议其他花艺的布置要点。

7．请简述会议现场花艺设计和施工的内容和制作要点。

8．请简述展览会展位花艺设计和施工的内容和制作要点。

【资讯引导】

1．问题1—8可以参考蔡仲娟主编的《初中级插花员职业资格培训教材》和曾端香主编的《插花艺术》。

2．问题9—10可以参考谢利娟主编的《插花与花艺设计》。

3．问题11—12可以参考吴秋华主编的《桌花设计》。

4．问题13可以参考樊伟伟主编的《花艺制作与花店经营全攻略》。

5．问题14—15可以参考劳动和社会保障部教材办公室组织编写的《插花员（高级）》。

6．问题16—17可以参考中国花艺网和都市花艺网。

7．问题18可以参考劳动和社会保障部教材办公室组织编写的《插花员（高级）》。

信 息 单

【学习领域】

花艺环境设计

【学习情境3】

会场花艺环境设计与制作

【学时】

12

【信息内容】

1. 会场花艺设计理念

会场花艺设计是现代的一种时尚装饰艺术，它把中西方传统的和现代的各种风俗、习惯、色彩、艺术造型及装饰素材等有机结合起来，把空间按照其某个主题思想和使用目的来进行装饰；是设计者对服务对象的情趣、审美观点等认识、理解后的集中表达，是美化空间环境、为宾客提供一种视觉艺术享受的服务。

从表面上看，环境与插花花艺是一种和谐相处的关系，而从更深层次上剖析，它们之间是一种互相影响、有机结合的关系。环境的风格对插花花艺作品的样式与选材有一定的导向与制约作用，同时插花花艺作品的风格也对环境起到强调与点睛作用。

一般来说，会场花艺设计按空间的不同可以分为大型会场和小型会场花艺设计；按类别来分，包括公司内部会议会场、谈判会场、展览展会会场、颁奖会议会场、工作会议会场、音乐会会场等几个类型。

各大类型的会场花艺设计都有其共同之处，都有一个特定的花艺概念，在构思、表现手法和风格方面都受到客人要求及会场环境的制约。所以在进行会场花艺设计之前，应充分了解清楚布置对象的空间大小、环境、装饰设计风格等以及对客人的民族风俗习惯、个人喜好等的了解，最重要的是听取客人的意见和要求，以取得在材料、色彩上、风格上的协调和统一设计理念。

例如新年音乐会的会场花艺设计要突出浓厚的新年气氛，要求高雅、安静；政府性的会议要严肃、整洁；文艺演出会场要轻松活泼；酒会会场则要高雅、亲切、温馨等，以达到增进交流、传递情谊的目的。

会场花艺设计和制作的主要内容有：嘉宾胸花、签到台花艺、会议桌花、演讲台台花、迎宾牌花艺等）。放于会议桌上的插花作品，高度不应超过30cm，以免遮挡视线，宽度以不妨碍开会为宜。

2. 会场花艺设计和制作的主要内容

2.1 会议胸花的设计与制作

图3-1 会场嘉宾胸花常见造型

2.2 会议桌花设计与制作

2.2.1 会议桌花花艺装饰的设计理念

会场桌花的体量大小应与桌子的大小相协调，避免过分拥挤或体量比例过小。会场桌花布置的形式以低矮、匍匐形，宜四面观的西方式插花为主，在沙发转角处或靠墙处茶几上也可用东方式插花。无论哪种插花形式，一是花要新鲜、艳丽、盛开；二是花无异味或浓香；三是花的高度切忌遮挡与会者发言或交谈的视线。插花的规格依会议的级别而定。一般会议只是在主席台或中间（圆桌会议）插制一至数盆不等，而高级会议在一般会议布置的基础上，不但花的品种要高档，而且数量也要多。如签到处、贵宾休息处、会议室四角等处都应布置。

会议桌一般设在近台前的中间位置，会议桌上的插花一般要等距离摆放，高度不应超过30cm，以免遮挡视线，宽度以不妨碍开会为宜。花泥要处理干净，保持整洁，花器要做好防水处理，以免漏水沾染木质的桌面。无主席台的圆形或椭圆形会议桌上以放置圆形、椭圆形或长方形桌花为宜，如果设有主席台，那么主席台第一排会议桌中间位置以放置平铺形或下垂形为宜。

图3-2 会议桌花常见造型

2.2.2 会议桌花设计与制作案例

案例一：椭圆形会议桌花设计与制作

花材：百合、玫瑰、金鱼草、蕾丝、洋桔梗、小菊、海星、香石竹、中华复叶耳蕨

制作程序：

第一步： 找一个长度适合的底盘或黑长方花器，上面平铺好花泥。

第二步：依讲桌、会议桌花的长、高度不同，来决定整盆桌花的大小。

图3-3 椭圆形会议桌花制作程序

第三步：先插百合，定好高度作为中心焦点花。

第四步：再插金鱼草，大概拉出长度和宽度。

第五步：再插玫瑰向八方或想要延伸的方向拉出空间架构。

第六步：依序插入蕾丝、洋桔梗、小菊、海星、香石竹等副花。

第七步：最后用中华复叶耳蕨补边，完工。

2.3 会议演讲台台花花艺设计与制作

2.3.1 会议演讲台台花花艺设计理念

会议演讲台台花插花作品一般是放置于演讲台的一侧，多采用单面观瀑布下垂形造型。

图3-4 会议演讲台台花常见造型

2.3.2 会议演讲台台花花艺设计与制作案例

案例：瀑布下垂形演讲台台花制作

花材：散尾葵、粉百合、红玫瑰、黄金鸟、蛇鞭菊、洋兰、桔梗、尤加利叶、剑叶

制作程序：

第一步：将花泥固定于针盘，将散尾葵修剪呈细长形，作为框架花材，长短不一地插入花托花泥中，形成瀑布形作品的基本轮廓。

第二步：为避免造型呆板，插入长短不一的剑叶，增加层次感、活泼感。

第三步：中间插入粉百合，左右两侧插入黄金鸟、蛇鞭菊。

第四步：前方插入一枝红玫瑰，顺着散尾葵插入尤加利叶。

第五步：前方插入红玫瑰、一枝洋兰。由内而外、先短后长，增强瀑布流线形。

第六步：继续增加洋兰的密度，并于空隙处插入桔梗点缀、遮盖花泥，丰满上部造型，完工。

图3-5 瀑布下垂形演讲台台花制作程序

2.4 会场主席台台前花艺设计与制作

2.4.1 会场主席台台前花艺设计理念

会场主席台台前花艺的布局与摆放随地形、环境的变化而异，需要采用不同的色彩及图案，但在摆放中，应遵循以下几点，可收到令人较为满意的效果。

株高配合。花坛中的内侧植物要略高于外侧，由内而外自然、平滑过渡。若高度相差较大，可以采用垫板或垫盆的办法来弥补，使整个花坛表面线条流畅。

花色协调。用于摆放花坛的花卉不拘品种、颜色的限制，但同一花坛中的花卉颜色应对比鲜明，互相映衬，在对比中展示各自夺目的色彩。同一花坛中，避免采用同一色调中不同颜色的花卉，若一定要用，应间隔配置，选好过渡花色。

图案设计，简洁明快，线条流畅。花坛摆放的图案，一定要采用大色块构图，在粗线条、大色块中突现各品种的魅力。简单轻松的流线造型，有时可以收到令人意想不到的效果。

选好镶边植物。其品种选配视整个花坛的风格而定，若花坛中的花卉株型规整、色彩简洁，可采用枝条自由舒展的天门冬作镶边植物；若花坛中的花卉株型较松散，花坛图案较复杂，可采用五色草或整齐的麦冬作镶边植物，以使整个花坛显得协调、自然。在花坛摆放中还可采用绿色的低矮植物作为衬底，摆放在不同品种、不同色块之间，形成高度差，产生立体感。

图3-5 会场主席台台前花艺常见造型

前缘的花艺设计有序地插入红月季、白色石斛兰、桃红月季以及天门冬，造型整齐，颜色简单纯净。红月季的热烈与天门冬、石斛兰的下垂、流动，仿佛音符的跳动和乐曲的悠扬，非常切合音乐会的主题。

2.4.2 会场主席台台前花艺设计与制作案例

案例一：会场主席台台前花艺设计与制作（插花）

花材：非洲菊、粉玫瑰、白色石斛兰、各色月季、巴西叶、蓬莱松、天门冬

制作程序：

第一步：根据会场主席台的前缘地形位置固定线槽，确定轮廓，要求内高外低，成一向外倾斜的斜面，线槽可以垫高。

第二步：在线槽内固定花泥，花泥的高度也要和线槽一样形成一向外的斜面。

第三步：插入各色主花材和下垂的天门冬、白色石斛兰，由内而外有序地插入，增加层次感，完工。

图3-6 会场主席台台前花艺制作程序（插花）

案例二：会议主席台台前花艺设计与制作（盆花）

花材：非洲菊、粉玫瑰、各色月季、蓬莱松、天门冬、五色草、麦冬等其他装饰物。

制作程序：

第一步：根据会场主席台的前缘地形确定盆花的摆放位置及构图设计，要求内高外低，成一向外倾斜的斜面，盆花的摆放位置可以垫高。

第二步：在盆花摆放位置确定后，将需要的盆花摆到规定摆放的位置上，形成内侧植物要略高于外侧，使整个花坛表面线条流畅。

第三步：用绿色的低矮植物（如五色草）作为衬底，摆放在不同品种、不同色块之间，形成高度差，产生立体感。

第四步：用枝条自由舒展的天门冬作镶边植物，或是用五色草或整齐的麦冬作镶边植物，以使整个花坛显得协调、自然，完工。

图3-7 会议主席台台前花艺制作程序（盆花）

2.5 小型会场花艺设计与制作

图3-8 小型会场花艺设计常见造型

小型会场布置与大型会场的布置有很大的区别，大型会场的布置常有夸张的造型，表现出华丽的气派，让人感觉好像处于花的海洋之中；而小型的会场布置则是精致、优雅、简洁的。它的服务对象、范围相对狭小一些，但与大型会场布置一样，都有一定的主题或功能要求。

小型会场也是一个临时性的摆设布置，所以设计者也要注意进场的时间、灯光、音响、预算、会场的环境、客人的要求等，以便于掌握对色彩的搭配和对花材的选择。

小型会场布置根据功能的不同而有不同的主题。如预备会议，它是一场人数只有几十个人的会议，花艺布置不能过于复杂，线条应明朗，要体现出个人的风格修养。若是夏天则可用绿色作主色，让与会嘉宾一进会场就有清凉的感觉，再加上会议组织安排，更让嘉宾陶醉其间。

小型会场门口使用对称的插花作装饰，运用大型的单面观的西式插花，更显气派。其插花作品可以是人造花插花、干花插花或干花与人造花相结合。当然鲜花也是很不错的选择。

小型的会场在布置时要注意与周围的环境搭配（如沙发、地毯等），这样才能使整体效果高雅，可通过器皿的色彩、造型的变化而让每一次的花艺具有不一样的效果。

因为小型会场并不大，所以花艺设计在造型变化的同时，各款花艺之间应有所呼应或统一，可以是色彩上的呼应，也可以是选择一致的主花。火百合、月季、灯台果是此处花艺设计的主花。

小型会场适合召开轻松的会议，花艺设计宜营造出安静、温馨的气氛，不宜太夸张。

为了不影响客人的交谈，插花时最好选用矮脚花器，作品也不宜太高，以免影响视线。

每张小圆桌上都应安排一款瓶插花，圆桌较小，只适合较小型的插花，另外，因为瓶插花的数量较多，每张桌子都有，若造型变化过多，会显得凌乱，而瓶插花简单的造型正配合了会场的简约风格。

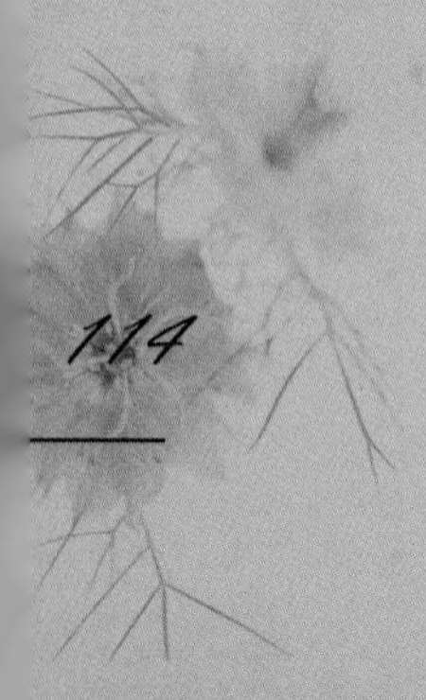

计 划 单

学习领域	花艺环境设计		
学习情境3	会场花艺环境设计与制作	学时	12
计划方式	小组成员团队合作共同制定工作计划		
序号	实施步骤	使用资源	
1			
2			
3			
4			
5			
6			
7			
8			
9			
10			
制定计划说明			
计划评价	班级：	第　　组	组长签字：
	教师签字：		日期：
	评语：		

决 策 单

学习领域	花艺环境设计						
学习情境3	会场花艺环境设计与制作					学时	12
方案讨论							
方案对比	组号	经济性	美观性	创新性	可行性	完成性	综合评价
	1						
	2						
	3						
	4						
	5						
	6						
方案评价	评语：						
班级：	组长签字：		教师签字：		日期：		

材料工具清单

学习领域	花艺环境设计				
学习情境3	会场花艺环境设计与制作			学时	12
项目	序号	名称	作用	数量	规格
工具、道具、辅助材料	1	剪刀	修剪	1	
	2	去刺器	修剪	1	
	3	小刀	修剪	1	
	4	老虎钳	修剪	1	
	5	针盘	固定	1	
	6	塑料吸盘	固定	若干	
	7	绿胶带	装饰	若干	
	8	别针	固定	若干	
	9	丝带	固定	若干	
	10	纱网	装饰	若干	
	11	细铁丝	固定	若干	
	12	鲜花花泥	固定	若干	
	13	会场桌布	装饰	若干	
	14	塑料绳	固定	若干	
	15	塑料桶	容器	若干	
	16	黑椭圆形（或长方形）花器	固定	3～5人1套	
	17	盆花（3～4个品种）	装饰	若干	
	18				
	19				
	20				
	21				
	22				
	23				
	24				
	25				
花材		香石竹、玫瑰、百合、天堂鸟、满天星、天门冬等新鲜花材		以决策单为依据购置	
班级：		第　　组	组长签字： 教师签字：		

实施单

学习领域	花艺环境设计		
学习情境3	会场花艺环境设计与制作	学时	12
实施方式			
序号	实施步骤		使用资源
1			
2			
3			
4			
5			
6			
7			
8			
9			
10			
实施说明：			
班级	第　　组		日期：
教师签字：		组长签字：	

评 价 单

学习领域	花艺环境设计				
学习情境3	会场花艺环境设计与制作			学时	12
评价类别	项目	子项目	组内自评	组间互评	教师点评
过程性评价 60%	专业能力40%	工具操作能力10%			
		花材处理能力10%			
		方案表现能力20%			
	社会能力20%	工作态度10%			
		团队合作10%			
终结性评价 40%	作品美观性10%				
	作品经济性10%				
	作品创新性10%				
	作品完成性10%				
评价评语	班级：	姓名：	第　　组	总评分：	
	教师评语： 日期：				

教学反馈单

学习领域	花艺环境设计		
学习情境3	会场花艺环境设计与制作	学时	12
序　　号	调查内容	是	否
1	您是否明确本学习情景的学习目标？		
2	您是否完成了本学习情景的学习任务？		
3	您是否达到了本学习情景对学生的要求？		
4	资讯的问题，您都能回答吗？		
5	您了解会场花艺设计的主要内容吗？		
6	您能够独立编制会场花艺设计方案吗？		
7	您掌握了嘉宾胸花的制作技能了吗？		
8	您掌握了会议签到台台花的制作技能吗？		
9	您掌握了会场迎宾牌花艺装饰的制作技能吗？		
10	您掌握了会场路引花艺装饰的制作技能吗？		
11	您掌握了会场门口花艺装饰的制作技能吗？		
12	您掌握了会场主席台花艺装饰的制作技能吗？		
13	您掌握了会场桌花的制作技能吗？		
14	您能够制作会议桌花吗？		
15	您能够进行会议其他花艺的设计与制作吗？		
16	您是否喜欢这种上课方式？		
17	您对自己在本学习情景的表现是否满意？		
18	您对本小组成员之间的团队合作是否满意？		
19	您认为本学习情景对您将来的工作会有帮助吗？		
20	您认为本学习情景还应该增加哪些方面的内容？（请在下面回答）		
21	本学习情景完成后，您还有哪些问题需要解决？		

请写出您的意见和建议：

被调查人姓名：　　　　　　　　调查时间：

学习情境4

庆典花艺设计与施工

任 务 单

【学习领域】

花艺环境设计

【学习情境3】

庆典花艺环境设计与施工

【建议学时】

20

【布置任务】

学习目标：

1. 能够绘制庆典花艺设计作品效果图。

2. 能够编制庆典花艺设计方案。

3. 能够设计和制作庆典花篮。

4. 能够进行庆典现场花艺环境设计和施工（包括盆栽花卉组合造型设计与施工、相关庆典道具设计与制作等）。

【任务描述】

现有一个大学60周年校庆活动，需要花店提供下列花艺服务：

1. 学校两个大门入口处的庆典花坛设计与施工。

2. 校庆主席台台花设计与制作。

3. 校内主要道路两侧庆典花艺装饰。

4. 要求校庆花艺整体色调统一，以红、黄等喜庆色为主；重点区域突出校庆60年主题。

【学时安排】

资讯2学时

计划2学时

决策2学时

实施12学时

评价2学时

【提供资料】

1. 谢利娟. 插花与花艺设计. 北京：中国农业出版社，2007

2. 曾端香. 插花艺术. 重庆：重庆大学出版社，2006

3. 王莲英，秦魁杰. 插花花艺学. 北京：中国林业出版社，2009

4. 劳动和社会保障部教材办公室组织编写. 插花员（中、高级）. 北京：中国劳动

社会保障出版社，2004

5．陈惠仙，刘秋梅．会场布置精选．广州：广东经济出版社，2007

6．王绥枝．高级插花员培训考试教程．北京：中国林业出版社，2006

7．蔡仲娟．初中级插花员职业资格培训教材．北京：中国劳动和社会保障出版社，2007

8．中国花艺论坛：http://www.cfabb.com/bbs/

9．都市花艺论坛：http://www.dshyw.com/bbs/

【学生要求】

1．理解庆典花艺设计相关理念。

2．理解不同场合庆典花艺设计的不同之处。

3．掌握立体组合花坛施工技术要点。

4．端正工作态度、提倡团队合作。

5．自尊、自信、尊重父母、尊重客户、尊重教师。

6．爱护工具、花材和辅材物尽其用、避免浪费。

7．本学习情景工作任务完成后，提交作业单、评价单和教学反馈单。

资讯单

【学习领域】

花艺环境设计

【学习情境3】

庆典花艺环境设计与施工

【学时】

20

【资讯方式】

在图书馆、专业刊物、互联网络及信息单上查询问题；资讯任课教师

【资讯问题】

1．请简述庆典花艺的设计理念。

2．请简述庆典花艺设计的主要内容。

3．请简述庆典花篮的类型和制作要点。

4．请简述庆典立体花坛的类型和制作要点。

【资讯引导】

问题1—4通过以下途径获得资讯：

1．本书信息单。

2．相关花艺刊物。

3．相关花艺网站。

中国花艺论坛：http://www.cfabb.com/bbs/

都市花艺论坛：http://www.dshyw.com/bbs/

信 息 单

【学习领域】

花艺环境设计

【学习情境4】

庆典花艺环境设计与施工

【学时】

20

【信息内容】

1. 庆典花艺设计理念

不同国家，不同民族对于喜庆场合的花色、风格等都有不同的传统喜好习惯，就我国而言，喜庆场合常以红色、黄色、粉色等暖色系的色彩作为主要的装饰色彩，因此庆典花艺设计时必须尊重民族文化的传承，尊重客户，多采用红、黄等暖色调花材进行花艺装饰，寓意生意兴隆、财源广进、前程似锦等美好祝愿。

根据庆典花艺服务对象的不同，可以将庆典花艺划分为以下几个类型：

公司单位开业庆典花艺。在当前社会主义市场经济的大背景下，“创业富民”的理念已经深入人心，各种规模、各种类型的个体工商户、民营私营企业公司等雨后春笋般成立并运营，每天都可以看到街头某工商户店面开业或某公司开业的盛况，公司单位开业庆典花艺应运而生，能够为开业商户送去亲朋好友的美好祝愿，烘托生意兴隆的庆典氛围。

公司单位开业庆典花艺的主要内容包括：庆典花篮、庆典舞台花艺、嘉宾胸花等。主要表现形式为鲜切花插花作品、盆栽花卉组合摆放、立体花坛等。

图4-1 庆典花篮常见造型

公司单位周年庆典花艺。周年庆典花艺是开业庆典花艺的延续，主办方多希望通过周年庆典系列活动，能够扩大自身的社会知名度和影响力，使得生意或事业在成功的基础上锦上添花，更上一层楼。因此，公司单位周年庆典花艺在设计时应该彰显主办方自身的企业文化和社会诉求，花艺作品体量上和质量上更宜精益求精，烘托气氛，展示主办方的事业成功、更进一步的心理愿望。在表现形式上同开业庆典类似，只是在花艺作品体量上要更大、更豪华，在色彩应用方面应该更加艳丽和喜庆。

校庆花艺设计。包括幼儿园、小学、中学、大学在内的各种学校机构，在10周年、60周年或100周年时都要进行盛大的校庆活动，一方面汇集各方杰出校友，共襄盛举，另一方面，通过校庆活动扩大社会影响，增加自身的社会知名度，为学校将来招生就业等方面扩大宣传。因此，校庆花艺设计，首先应该突出学校的校园文化，包括校训、校徽、校歌、学风、教风等，传承学校的历史文化，缅怀辉煌过去，展望前程似锦。在表现形式上多以盆栽花卉为原料，以红色、黄色为主色调，通过盆花组合成校训字体或校徽图案等体现校园文化，辅助以其他颜色的鲜花、草花等，营造出热烈隆重、繁花似锦的庆典氛围。

图4-2 校庆花艺造型

以国庆花艺为代表的国家庆典花艺。10月1日，为中国国庆日，每年国庆节，北京天安门广场上都会布置大体量的国庆庆典花艺作品，表达各族人民心系祖国，祝愿祖国欣欣向荣的美好意愿，各级政府部门的市政广场上都会布置国庆主题的花艺作品。我国国庆花艺的主色调是红色和黄色，既是中华人民共和国国旗的颜色，又是我国传统的喜庆色彩，在花艺作品表现形式上，国庆花艺作品多以盆栽草本花卉为主，用一串红、秋菊、四季海棠、矮牵牛等为主要花材，通过搭建钢架等手法，把不同颜色的盆栽花卉进行有机组合，形成立体组合花坛。表现为盆花组成“欢度国庆”等字样或盆花组成国旗等图案，突出国庆主题，表达对祖国母亲生日的伟大祝福。

图4-3 国庆花艺常见造型

2. 庆典花艺设计与施工案例

案例一：庆典花篮制作

花材：非洲菊（红、黄、橙等）、散尾葵、鱼尾葵、铁丝、剪刀、花泥、竹编庆典花篮等。

制作程序：

第一步：采购花材、浸泡花泥。

第二步：用24号铁丝缠绕非洲菊的花茎，使得花茎挺直，便于造型。

第三步：将花泥固定在竹编庆典花篮上。

第四步：在花泥侧面插入修剪好的散尾葵，固定出庆典花篮的基本外围轮廓。

第五步：在散尾葵前插入已用铁丝固定的非洲菊，使非洲菊花头外围轮廓呈半圆形。

第六步：继续插入非洲菊，注意非洲菊空间间隔，从侧面看非洲菊外围成1/2半球形轮廓。

第七步：在非洲菊之间插入散尾葵，丰满造型，填充空间，遮挡花泥。

第八步：将已写好的贺词绶带捆绑固定于花篮两侧，完工。

图4-4 庆典花篮制作程序

案例二：校庆立体花坛制作

花材：盆栽鸡冠花（深红色）、盆栽孔雀草（黄色）、盆栽矮牵牛（粉红色）、盆栽一串红（大红色）、塑料套盆、建筑木板、脚手架等。

制作程序：

第一步：搭设并固定脚手架，长度10米，宽度4米，倾斜角度45°。

第二步：在脚手架上固定建筑木板，保持板面平整，接合完整。

第三步：安装并固定塑料套盆，确保牢固。

第四步：先将黄色孔雀草放置固定在塑料套盆内，构成“1950”（学校成立年份）和“2010”（学校60周年）数字体造型，体现学校60周年校庆主题。

第五步：在数字体之间放置深红色鸡冠花，构成大面积深红背景底色，进一步突出黄色的数字体造型，强化校园60周年历史。

第六步：将白色硬纸裁剪成1.5米的实心圆形，粘贴于中间位置，预留放置校徽位置。

第七步：在作品最上方空间，放置粉红色矮牵牛，呈波浪形窗帘状，增加作品活泼性和色彩变化。

第八步：在脚手架接地位置前方放置大红色一串红盆栽，构成若干个半圆形平面造型，

第九步：将加工完成的圆形立体喷绘校徽放置并固定于作品中间位置，完工。

图4-4 校庆立体花坛制作程序

计划单

学习领域	花艺环境设计		
学习情境4	庆典花艺环境设计与施工	学时	20
计划方式	小组成员团队合作共同制定工作计划		
序号	实施步骤	使用资源	
1			
2			
3			
4			
5			
6			
7			
8			
9			
10			
制定计划说明			
计划评价	班级：	第　　组	组长签字：
	教师签字：		日期：
	评语：		

决 策 单

<table>
<tr><td>学习领域</td><td colspan="7">花艺环境设计</td></tr>
<tr><td>学习情境4</td><td colspan="5">庆典花艺环境设计与施工</td><td>学时</td><td>20</td></tr>
<tr><td colspan="8">方案讨论</td></tr>
<tr><td>方案对比</td><td>组号</td><td>经济性</td><td>美观性</td><td>创新性</td><td>可行性</td><td>完成性</td><td>综合评价</td></tr>
<tr><td></td><td>1</td><td></td><td></td><td></td><td></td><td></td><td></td></tr>
<tr><td></td><td>2</td><td></td><td></td><td></td><td></td><td></td><td></td></tr>
<tr><td></td><td>3</td><td></td><td></td><td></td><td></td><td></td><td></td></tr>
<tr><td></td><td>4</td><td></td><td></td><td></td><td></td><td></td><td></td></tr>
<tr><td></td><td>5</td><td></td><td></td><td></td><td></td><td></td><td></td></tr>
<tr><td></td><td>6</td><td></td><td></td><td></td><td></td><td></td><td></td></tr>
<tr><td>方案评价</td><td colspan="7">评语：</td></tr>
<tr><td colspan="2">班级：</td><td colspan="2">组长签字：</td><td colspan="2">教师签字：</td><td colspan="2">日期：</td></tr>
</table>

材料工具清单

学习领域	花艺环境设计				
学习情境4	庆典花艺环境设计与施工			学时	20
项目	序号	名称	作用	数量	规格
工具、道具、辅助材料	1	建筑用脚手架		若干	
	2	建筑用木板		若干	
	3	塑料套盆		若干	
	4	盆栽鸡冠花（深红色）		5000盆	1.5寸盆
	5	盆栽孔雀草（黄色）		2000盆	1.5寸盆
	6	盆栽矮牵牛（粉红色）		1000盆	1.5寸盆
	7	盆栽一串红（大红色）		1000盆	1.5寸盆
	8	老虎钳		若干	
	9	铁丝		若干	22号铁丝
	10				
	11				
	12				
	13				
	14				
	15				
	16				
	17				
	18				
	19				
	20				
	21				
	22				
	23				
	24				
	25				
花材					
班级		第　　组	组长签字： 教师签字：		

实 施 单

<table>
<tr><td>学习领域</td><td colspan="3">花艺环境设计</td></tr>
<tr><td>学习情境4</td><td>庆典花艺环境设计与施工</td><td>学时</td><td>20</td></tr>
<tr><td>实施方式</td><td colspan="3"></td></tr>
<tr><td>序号</td><td colspan="2">实施步骤</td><td>使用资源</td></tr>
<tr><td>1</td><td colspan="2"></td><td></td></tr>
<tr><td>2</td><td colspan="2"></td><td></td></tr>
<tr><td>3</td><td colspan="2"></td><td></td></tr>
<tr><td>4</td><td colspan="2"></td><td></td></tr>
<tr><td>5</td><td colspan="2"></td><td></td></tr>
<tr><td>6</td><td colspan="2"></td><td></td></tr>
<tr><td>7</td><td colspan="2"></td><td></td></tr>
<tr><td>8</td><td colspan="2"></td><td></td></tr>
<tr><td>9</td><td colspan="2"></td><td></td></tr>
<tr><td>10</td><td colspan="2"></td><td></td></tr>
<tr><td colspan="4">实施说明：</td></tr>
<tr><td>班级：</td><td colspan="2">第　　组</td><td>日期：</td></tr>
<tr><td colspan="2">教师签字：</td><td colspan="2">组长签字：</td></tr>
</table>

评 价 单

学习领域	花艺环境设计				
学习情境4	庆典花艺环境设计与施工			学时	20
评价类别	项目	子项目	组内自评	组间互评	教师点评
过程性评价 60%	专业能力40%	工具操作能力10%			
		花材处理能力 10%			
		方案表现能力 20%			
	社会能力20%	工作态度 10%			
		团队合作 10%			
终结性评价 40%	作品美观性10%				
	作品经济性10%				
	作品创新性10%				
	作品完成性10%				
评价评语	班级：	姓名：	第　　组	总评分：	
	教师评语： 日期：				

学习情境5

丧礼花艺设计与制作

任 务 单

【学习领域】

花艺环境设计

【学习情境5】

丧礼花艺设计与制作

【学时】

12

【布置任务】

学习目标：

1. 能够绘制丧礼花艺设计作品效果图。

2. 能够编制丧礼花艺设计方案。

3. 能够设计和制作丧礼胸花。

4. 能够设计和制作花圈、花篮。

5. 能够进行灵车花艺装饰设计和施工。

6. 能够进行丧礼现场花艺环境设计和施工（包括礼厅布置、遗像衬花、遗体花坛、鲜花路引、遗体花束花艺）。

7. 能够了解一些挽联和民间主要祭拜日。

【任务描述】

现有一客户来到花店，家有老人去世，需要花店提供下列花艺服务：

1. 五枚胸花（要求用白玫瑰作主花）。

2. 一束遗体花束。

3. 一辆灵车的花艺装饰。

4. 家庭灵堂布置。

5. 丧礼现场花艺设计与施工（包括礼厅布置、遗像衬花、遗体花坛、花圈、花篮、遗体铺花等）。

6. 要求整个丧礼花艺设计色调素雅、花艺作品经济美观、略与众不同。

【学时安排】

资讯2学时

计划2学时

决策2学时

实施4学时

评价2学时

【提供资料】

1. 谢利娟. 插花与花艺设计. 北京：中国农业出版社，2007

2. 曾端香. 插花艺术. 重庆：重庆大学出版社，2006

3. 王莲英，秦魁杰. 插花花艺学. 北京：中国林业出版社，2009

4. 吴龙高，应国宏. 花之舞礼仪花艺. 杭州：浙江大学出版社，2007

5. 刘若瓦. 丧礼花艺设计. 北京：中国林业出版社，2008

6. 蔡仲娟. 初中级插花员职业资格培训教材. 北京：中国劳动和社会保障出版社，2007

7. 中国花艺论坛：http://www.cfabb.com/bbs/

8. 都市花艺论坛：http://www.dshyw.com/bbs/

【学生要求】

1. 理解丧礼花艺设计相关理念。

2. 掌握插花相关工具的正确使用方法和技巧。

3. 掌握常见插花花材的处理手法和技巧。

4. 端正工作态度、提倡团队合作。

5. 自尊、自信、尊重客户、尊重教师。

6. 爱护插花工具、花材和辅材物尽其用、避免浪费。

7. 本学习情景工作任务完成后，提交资讯单、评价单和教学反馈单。

资 讯 单

【学习领域】

花艺环境设计

【学习情境5】

丧礼花艺设计与制作

【学时】

12

【资讯方式】

在图书馆、专业刊物、互联网络及信息单上查询问题；资讯任课教师

【资讯问题】

1．请简述丧礼花艺设计的理念。

2．请简述丧礼花艺设计的内容。

3．请简述丧礼胸花的类型和制作要点。

4．请简述花圈、花篮的类型和制作要点。

5．请简述灵车花艺装饰的类型和制作要点。

6．请简述丧礼现场花艺设计和施工的内容和制作要点。

【资讯引导】

1．问题1—3可以在刘若瓦主编的《丧礼花艺设计》中资讯。

2．问题4—5可以在吴龙高、应国宏主编的《花之舞礼仪花艺》中资讯。

3．问题6可以在中国花艺网和都市花艺网上进行网络资讯。

信 息 单

【学习领域】

花艺环境设计

【学习情境5】

丧礼花艺设计与制作

【学时】

12

【信息内容】

1. 丧礼花艺设计理念

丧礼花艺花材选择的原则是：花大、色素、新鲜，有寓意。花大是指花朵的体量要大，花朵的开放度要大，即应该选择处于盛花期的花朵；色素是指花朵的颜色要朴素、淡雅、体现丧礼肃穆的氛围，新鲜是指花朵离开母体的时间较短、保鲜度高、整体完好、损伤程度小；有寓意是指鲜花品种本身的寓意要好，如菊花寓意高洁、清廉、长寿；松寓意坚贞不屈、健康长寿；柏寓意长寿、天堂鸟寓意飞向天堂等。

丧礼花艺涉及的花艺作品较多，尽量统一色调，以白色调为主，以表达亲属沉痛哀思。

丧礼花艺常用花材品种有：黄菊花、白菊花、满天星、天堂鸟等花材为主，随着时代变化，在用材、用色上也更为宽泛，例如玫瑰、百合、蝴蝶兰、红掌等；常用叶材品种有：天门冬、蓬莱松、满天星、剑叶、巴西叶、散尾葵、龟背叶、八角金盘等。

2. 丧礼花艺设计和制作的主要内容

丧礼花艺设计和制作的主要内容有：胸花、遗体花束、花圈、花篮、灵车花艺装饰、丧礼现场花艺装饰（包括礼厅布置、遗像衬花、遗体花坛、遗像铺花、家庭灵堂等）。

2.1 丧礼胸花的设计与制作

2.1.1 丧礼胸花的设计理念

丧礼上人们胸前佩带小白花的习俗由来已久，胸花是指逝者亲朋胸前佩戴的花艺作品，主要由主花、副花和装饰材料三部分组成。胸花所用的主花以白玫瑰或白洋兰、白桔梗花为主，副花常用满天星、情人草、黄莺、文竹、蓬莱松、天门冬、高山羊齿等花材，装饰材料包括绿胶带、绿铁丝、蝴蝶结、别针等。胸花所用花材尽量轻巧，色调以黄、白为主，与丧礼上的各类花艺相协调和呼应，同时胸花的尺寸规格应该与佩戴着的服装款式和身材相协调。

丧礼胸花常见造型以不等边三角形为主，还有圆形、方形、弯月形、S形、悬垂形、自由形等造型，与婚礼胸花造型要求相近，只是色调不同。

2.1.2 丧礼胸花制作案例

案例一：白玫瑰丧礼胸花制作

花材：白玫瑰、黄金球、高山羊齿、情人草、黄莺。

制作程序：

第一步：以一枝白玫瑰为主花，玫瑰底部以黄莺、黄金球来填充和丰满胸花造型。

第二步：在主花后面加入高山羊齿、黄莺、情人草、黄金球，突出叶材的线条感，增加胸花的层次感。

第三步：调整花材之间的位置关系，高低错落，疏密有致，用绿胶带缠绕花茎，固定成束，最后系上紫色蝴蝶结，增强装饰感，提升胸花档次，在蝴蝶结后面水平插入别针，完工。

案例二：洋兰丧礼胸花制作

花材：白色洋兰、黄莺、桔梗花蕾、玫瑰叶。

制作程序：

第一步：以三朵白色洋兰为主花，以玫瑰叶为配叶，放置于白洋兰后面，增加作品层次感。

第二步：在白洋兰后面放置2朵一大一小的白色花蕾，再把黄莺配置在主花四周，填充和丰满胸花造型。

第三步：调整花材之间的位置关系，高低错落，疏密有致，用绿胶带缠绕花茎，固定成束，最后系上高档紫色蝴蝶结，增强装饰感，提升胸花档次，在蝴蝶结后面水平插入别针，完工。

案例三：白桔梗丧礼胸花制作

花材：白色桔梗、兰草、香槟色花蕾、高山羊齿。

制作程序：

第一步：以一朵白色桔梗为主花，以5朵小花蕾配置前后，增加作品层次感。

第二步：在白桔梗左边配置四片长短不一的兰草，后面配置高山羊齿，既填充和丰满胸花造型，也显出高雅的情调。

第三步：调整花材之间的位置关系，高低错落，疏密有致，用绿胶带缠绕花茎，固定成束，最后系上高档金色蝴蝶结，系一点紫色丝带调色，增强装饰感，提升胸花档次，在蝴蝶结后面水平插入别针，完工。

图5-1 丧礼胸花制作程序

2.2 丧礼花束的设计与制作

2.2.1 丧礼花束的设计理念

丧礼花束一般有两种用途。一是在追思会和遗体告别时，敬献给亡者，表示对死者的敬仰和深切的缅怀。二是上坟扫墓时带上一束鲜花，敬献在坟前，以示哀悼，花束大都以单面观造型为主。

常用的花材有白百合、菊花、非洲菊月季、桔梗、散尾葵、满天星、情人草、天门冬、蓬莱松、巴西叶、剑叶、兰草叶、星点木、长春藤、文竹等。

丧礼花束制作过程中，注意花束站立的稳定性，包装纸和丝带结尽量素色或以冷色调为主，最后可放上“奠”“悼念”等字样的标志，突出丧礼主题。

2.2.2 丧礼花束制作案例

案例一：半球形白百合丧礼花束制作

花材：白百合、情人草、黄莺。

制作程序：

第一步：以螺旋握持法，将白百合围成半球形，制作时注意花材的分布和花枝之间的距离要均匀。

第二步：在花间的空隙处，加入情人草和黄莺，增加层次感，并调整好花枝的疏密和朝向。

第三步：捆扎花材，用彩带或细绳扎紧螺旋交叉部位，捆扎时注意左手紧握花束，右手用力扎紧，以防花束松散变形。

第四步：剪齐柄部，交叉部位以下留出10～15cm的花枝，多余的花枝部分剪除，并将基部剪齐。

第五步：包装及装饰，先以脱脂棉裹住花束基部以保湿，并用塑料纸包住下部，起到防水作用，然后进行包装。先以黄色包装纸包在花束外围，再裹以一层黄色的纱网，最后用包装纸和花束用丝带扎紧，在手握处花束的正面加绑一个丝带花结，再插上“奠”字，完工。

图5-2 丧礼花束制作程序

案例二：单面观白百合丧礼花束制作

花材：白百合、白桔梗、跳舞兰、兰草、散尾葵、糖棉。

制作程序：

第一步：先将散尾葵修剪呈细长形，作为框架花材，交叉摆放，中间长，两边短，基本成一个扇形轮廓。

第二步：为避免造型呆板，插入长短不一的跳舞兰，和白色桔梗花，增加层次感、错落感。

第三步：在前面焦点位置，放入白百合，右边配以兰草和糖棉，增强错落感。左边加入跳舞兰，在色调上，起到一种提神的作用。

第四步：包装及装饰，先以脱脂棉裹住花束基部以保湿，并用塑料纸包住下部，起到防水作用，然后进行包装。先以白色包装纸包在花束后面，再在花束前面的下部包一层白色的包装纸，最后用包装纸和花束用丝带扎紧，在手握处花束的正面加绑一个丝带花结，再插上“奠”字，完工。

2.3 丧礼花圈、花篮的设计与制作

2.3.1 丧礼花圈、花篮的设计理念

花圈、花篮属于丧礼上必不可少的花礼，前来吊唁的人士都会敬送花圈、花篮摆放在礼厅内，因而它也是丧礼花艺作品中用量最大、最普通的商品。一般花店的人往往接不到整套的丧礼花，但花圈、花篮的定做是常会遇到的，因此，做好花圈、花篮，是开花店的基本功之一，在此着重介绍各种形式的花圈、花篮。

花圈通常置于死者的遗体、遗像、灵柩、坟墓前或两旁，花圈左右附两联飘带，上联书写死者姓名、称谓；下联书写献花圈者的姓名或单位名称。

丧礼花圈和花篮的花材，根据中国文化认同，最广为接受的是菊花和非洲菊。此外，各种白色花材，如白百合、白玫瑰、白桔梗等经常被选用，如没有松柏枝，则散尾葵、巴西木叶等也是常用叶材。

丧礼花圈、花篮的造型发展到今天已经非常丰富，花艺手法也多种多样，有大圈、小圈、大圈内套小圈等基本变化。丧礼花圈形状常有圆形、心形、十字架形、长方形、不规则形等。

图5-3 丧礼花圈常见造型

丧礼花篮常见造型有单层式、双层式、多层式、灵前小花篮等。单层式丧礼花篮可选用三角架来做支撑，因三角架有一定的高度，再蒙上纱绸布，用花量少，用花可用较高档次的花，此种花篮便于运输、较轻巧。双层式丧礼花篮具有用花量少，体面和经济实惠，便于运输等优点，是花店销量较好的一款，可以用藤篮子做，也可以用三角架做。灵前小花篮，一般是孙儿、孙女一辈敬献的。因灵台常在家中，受场地影响，可采用小巧的小花篮来祭奠，灵前小花篮因体积小巧，用花需高档一些，如青掌、天堂鸟、白百合等。

图5-4 丧礼花篮常见造型

2.3.2 丧礼花圈和花篮设计与制作案例

丧礼花圈的制作程序：首先根据作品需要选择不同的花圈架子。将花泥板切成一定的形状；把切好的花泥板固定在三角架构上，在花泥板上用牙签细铁丝等辅助材料插上鲜花；搭配调整花的颜色和品种，使花圈协调庄重；在预留空间嵌上“奠”等字样凭吊祭奠文字；按客户内容和要求粘贴挽联（抬头和落款）；为花泥板补充水分（可使花圈鲜花延缓凋谢）。

案例一：圆形丧礼花圈制作

制作程序如下图所示：

图5-5 圆形丧礼花圈制作程序

案例二：心形丧礼花圈制作

制作程序如下图所示：

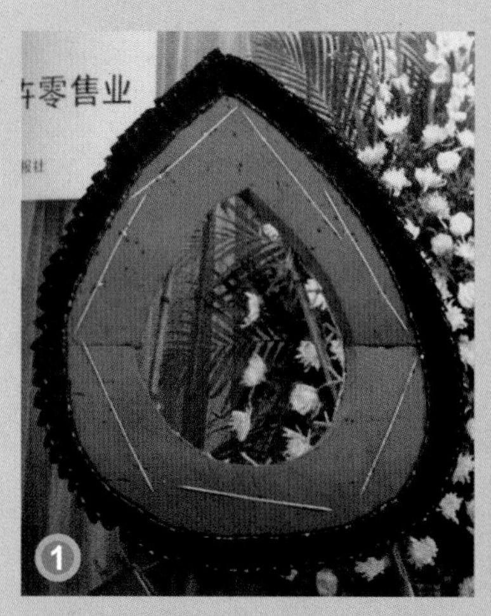

图5-6 心形丧礼花圈制作程序

案例三：长方形丧礼花圈制作

制作程序如下图所示：

图5-7 长方形丧礼花圈制作程序

案例四：不规则形丧礼花圈制作

制作程序如下图所示：

图5-8 不规则形丧礼花圈制作程序

2.4 遗体花坛的设计与制作

2.4.1 遗体花坛的设计理念

礼厅内部，正对大门的位置是逝者的棺椁，一般棺椁四周选择簇围型花坛式花艺设计，棺椁在大量花材的包围下，显得凝重。给人一种逝者在花丛中“安睡”的感觉。在棺椁下方，朝向大门的一面，亦可设置花牌，以心形造型或“奠”字居多。

2.4.2 遗体花坛设计与制作案例

花材：白百合、黄百合、白菊花、散尾葵、天堂鸟、蛇鞭菊、天门冬等。

制作程序：

第一步：首先制作一个带滑轮的不锈钢架子，共4片。上面用玻璃胶粘成可蓄水的花槽。

第二步：把花泥放好，浇水。

第三步：先插入散尾葵四周打底。

第四步：两边插入白菊，大面积色块更显得庄严肃静。

第五步：在棺椁的正方向，可插一些颜色稍亮一点的天堂鸟、蛇鞭菊等。在整体色调上，起一个画龙点睛的作用。

第六步：在插大面积白菊花时，要注意杆子不能太短，以免有凹陷感，花朵的朝向要有弧形变化，这样整体才会有一种饱满、流畅感。

第七步：为了避免色调单一，可以在棺椁的正方向插入黄百合，这样就有2种色块的对比。

第八步：在白菊花丛中错落地插入白百合，使白色的大色块有花型和大小的变化。

第九步：在主花菊花和百合之间插入天门冬等填充花材，遮挡花泥，丰满造型，完工。

图5-9 遗体花坛制作程序

2.5 灵车花艺装饰设计与制作

2.5.1 灵车花艺装饰的设计理念

灵车在现代丧礼中扮演的是出殡仪仗队的角色，在重要人士丧礼上，会选择大型客车，且有车队开道。普通人的灵车是将逝者遗体运往火化地点，出于空间、经济、交通等方面考虑，一般会选择依维柯、金杯等中型车，车头、车棚、车身等处一般以铺陈覆盖的手法进行设计，车尾也可悬挂花圈，用花材在灵车两侧以及车头做缅怀文字造型也是常用手法。如需体现丧礼规格，增大灵车用花体量是常用的手法。火化后，亲人捧骨灰盒回家，这时的灵车常用的是小轿车。

灵车小轿车的花艺手法与婚车的基本相似，区别在于花材和色彩、图案的不同。

图5-10 灵车花艺装饰常见造型

2.6 丧礼礼厅花艺设计与制作

2.6.1 丧礼礼厅花艺设计理念

礼厅是丧礼中最为主要的场所，一般是进行遗体告别仪式或者追悼大会。所以这是逝者好友、家属见逝者最后一面的地点，故应在设计中作为重点。可以分为礼厅门口和礼厅内部两部分进行设计。

礼厅大门门楼一般会悬挂黑色横幅，两侧悬挂挽联。在花艺设计中也应该选择两侧对称性设计。花艺作品颜色以白、绿为主色系，配材尽量简单，花器以单色、造型简洁为佳，以突出稳重感。一般而言，四面观的作品能更好地营造庄重严肃的气氛。还可在作品之间用白色纱幔或白布相连，以更好地营造丧礼气氛。

礼厅内部摆花除配合整体布景外，亦应考虑功能性的需求，如遗体告别仪式或追悼会中，围绕遗体预留的走道，可以用花篮、花圈等进行引导，还应充分考虑礼厅大小以及参加仪式的人员数量，避免拥挤和碰倒摆花。

礼厅门口布置像礼厅里一样要高挂追悼的横幅，大门两边是主题挽联。挽联或挽幛的柱子下面，要用洁白的鲜花插出半球形柱座。两侧阶梯上设若干个鲜花引路，从礼厅大门延伸一直到签到台位置，中间用黑或白色挽纱相连。

礼厅内部，一般在正上方，高挂死者遗像，下书一个斗大的“奠”或“悼”之类字。左右各一长条幅，上书挽联。现在则在遗像之上再设一大横幅，上书“某某追悼仪式（大会）”之类。

先生遗体告别仪式
奠

图5-11 丧礼礼厅花艺装饰常见类型

计划单

<table>
<tr><td>学习领域</td><td colspan="4">花艺环境设计</td></tr>
<tr><td>学习情境5</td><td colspan="2">丧礼花艺设计与制作</td><td>学时</td><td>12</td></tr>
<tr><td>计划方式</td><td colspan="4">小组成员团队合作共同制定工作计划</td></tr>
<tr><td>序号</td><td colspan="2">实施步骤</td><td colspan="2">使用资源</td></tr>
<tr><td>1</td><td colspan="2"></td><td colspan="2"></td></tr>
<tr><td>2</td><td colspan="2"></td><td colspan="2"></td></tr>
<tr><td>3</td><td colspan="2"></td><td colspan="2"></td></tr>
<tr><td>4</td><td colspan="2"></td><td colspan="2"></td></tr>
<tr><td>5</td><td colspan="2"></td><td colspan="2"></td></tr>
<tr><td>6</td><td colspan="2"></td><td colspan="2"></td></tr>
<tr><td>7</td><td colspan="2"></td><td colspan="2"></td></tr>
<tr><td>8</td><td colspan="2"></td><td colspan="2"></td></tr>
<tr><td>9</td><td colspan="2"></td><td colspan="2"></td></tr>
<tr><td>10</td><td colspan="2"></td><td colspan="2"></td></tr>
<tr><td>制定计划说明</td><td colspan="4"></td></tr>
<tr><td rowspan="3">计划评价</td><td>班级：</td><td>第　　组</td><td colspan="2">组长签字：</td></tr>
<tr><td colspan="2">教师签字：</td><td colspan="2">日期：</td></tr>
<tr><td colspan="4">评语：</td></tr>
</table>

评 价 单

学习领域	花艺环境设计				
学习情境5	丧礼花艺设计与制作			学时	12
评价类别	项目	子项目	组内自评	组间互评	教师点评
过程性评价 60%	专业能力40%	工具操作能力10%			
		花材处理能力10%			
		方案表现能力20%			
	社会能力20%	工作态度10%			
		团队合作 10%			
终结性评价 40%	作品美观性10%				
	作品经济性10%				
	作品创新性10%				
	作品完成性10%				
评价评语	班级：	姓名：	第　　组	总评分：	
	教师评语： 日期：				

教学反馈单

学习领域	花艺环境设计		
学习情境5	丧礼花艺设计与制作	学时	12
序号	调查内容	是	否
1	您是否明确本学习情景的学习目标？		
2	您是否完成了本学习情景的学习任务？		
3	您是否达到了本学习情景对学生的要求？		
4	资讯的问题，您都能回答吗？		
5	您了解丧礼花艺设计的主要内容吗？		
6	您能够独立编制丧礼花艺设计方案吗？		
7	您掌握了丧礼胸花的制作技能吗？		
8	您能够制作遗像花束吗？		
9	您能够进行灵车花艺装饰设计与制作吗？		
10	您掌握了花篮、花圈的制作技能吗？		
11	您掌握了丧礼路引花艺装饰的制作技能吗？		
12	您掌握了礼厅花艺装饰的制作技能吗？		
13	您掌握了遗像衬花的制作技能吗？		
14	您掌握了家庭灵堂布置的制作技能吗？		
15	您掌握了遗体花坛的制作技能吗？		
16	您是否喜欢这种上课方式？		
17	您对自己在本学习情景的表现是否满意？		
18	您对本小组成员之间的团队合作是否满意？		
19	您认为本学习情景对您将来的工作会有帮助吗？		
20	您认为本学习情景还应该增加哪些方面的内容？（请在下面回答）		
21	本学习情景完成后，您还有哪些问题需要解决？		
请写出您的意见和建议：			
被调查人姓名：	调查时间：		

学习情境6

庭院花艺环境设计与施工

任务单

【学习领域】

花艺环境设计

【学习情境6】

庭院花艺环境设计与施工

【建议学时】

32

【布置任务】

学习目标：

通过学习庭院环境设计流程和艺术布局，结合庭院构成要素图文并茂的分析和国内外现代庭院环境设计实例的分析，掌握庭院设计的基本技巧及设计理念，使学生能独立并正确地进行庭院环境设计与施工。

【任务描述】

综合运用所学的知识，请你对某一给定的庭院环境绿化建设项目进行设计，承交一套完整的设计文件（设计图纸和设计说明）。

所有图纸的图面要求表现力强，线条流畅、构图合理、清洁美观，图例、文字标注、图幅等符合制图规范。设计图纸包括：

1. 庭院环境设计总平面图。表现各种造园要素（如山石、水体、小品、植物等）。要求功能分区布局合理，植物配置季相鲜明。

2. 透视或鸟瞰图。手绘局部区域实景，表现各个景点、各种设施及地貌等。要求色彩丰富、比例适当、形象逼真。

3. 植物种植设计图。表示设计植物的种类、数量、规格、种植位置及类型和要求的平面图样。要求图例正确、比例合理、表现准确。

4. 局部景观表现图。用手绘或者计算机辅助制图的方法表现设计中有特色的景观。要求特点突出，形象生动。

5. 要求设计说明语言流畅、言简意赅，能准确地对图纸补充说明，体现设计意图。

【学时安排】

资讯4学时

计划4学时

决策4学时

实施16学时

评价4学时

【提供资料】

1．张纵.园林与庭院设计.北京：机械工业出版社，2004

2．叶徐夫,王晓春.私家庭院景观设计.福州：福建科学技术出版社，2010

3．徐峰,刘盈,牛泽慧.小庭园设计与施工.北京：化学工业出版社，2006

4．蒂姆纽伯里.花园设计圣经.大连：大连理工大学出版社，2007

5．斯图尔特沃尔顿.庭院景致自己做.郑州：河南科学技术出版社，2003

6．高野好造.日式小庭院设计.福州：福建科学技术出版社，2007

7．中村次男.门廊庭院绿化装饰.南昌：江西科学技术出版社，2001

8．奇普沙利文.庭园与气候.北京：中国建筑工业出版社，2005

【学生要求】

1．端正工作态度、提倡团队合作。

2．自尊、自信、尊重父母、尊重客户、尊重教师。

3．爱护工具、资材，材物尽其用、避免浪费。

4．本学习情景工作任务完成后，提交作业单、评价单和教学反馈单。

资讯单

【学习领域】

花艺环境设计

【学习情境6】

庭院花艺环境设计

【学时】

32

【资讯方式】

在图书馆、专业刊物、互联网络及信息单上查询问题；资讯任课教师

【资讯问题】

1. 结合案例分析庭院环境设计的流程。
2. 会见客户的目的和意义是什么？
3. 合同签署一般有几个步骤？
4. 合同内容一般包含哪些？
5. 基地调查时气候和小气候方面的主要内容有哪些？
6. 庭院土壤应了解哪些方面的内容？
7. 庭院设计时现场图片拍摄的意义及如何拍摄？
8. 客户信息的了解是至关重要的，包括哪些内容？
9. 基地现状分析是如何进行的？
10. 庭院方案设计的原则有哪些？
11. 请举例说明庭院平面设计的构成手法。
12. 请分析庭院室外空间环境的小气候条件。
13. 庭院功能有哪些？
14. 庭院环境设计原则是什么？
15. 庭院大门四周、大门通道、庭院小径、门廊四周、院墙四周、窗台、外墙壁、木质台阶、露台等设计特色如何体现？
16. 请结合实例谈谈国内外庭院设计的特点。
17. 庭院环境施工注意的安全措施有哪些？
18. 请结合某个庭院景观要素谈谈施工的步骤和方法。
19. 庭院环境养护的管理过程中注意事项有哪些？

【资讯引导】

1. 查看任务单上的参考资料。

2. 资讯问题的相关知识点可以查阅信息单上的内容。

3. 资讯中分小组讨论，充分发挥每位同学的知识和能力。

4. 对当地城市庭院环境现状要进行实地踏查，拍摄照片、手绘现状图等，将相关资料通过各种可能的方法进行搜集。

信 息 单

【学习领域】

花艺环境设计

【学习情境6】

庭院环境设计与施工

【学时】

32

【序号】

【信息内容】

1. 庭院花艺环境设计理念

1.1 庭院花艺环境的风格类型

根据建筑结合环境的特点，一般来说，按地域可分为中式、日式、美式、英式、法式、意大利式、地中海式等庭院风格。按时代可分为古典式、现代式。按仿自然的程度可分为自然式、整型式和混合式庭院。然而，在现代庭院花艺环境设计中，庭院很少会遵循各种风格的要求一成不变地进行设计，花艺环境设计师一般都会对几种风格进行融合，再加入现代的设计手法和潮流的元素，显得比较多元化。

表6-1 庭院花艺环境的风格类型

庭院风格	一般元素	特点	图示
中式庭院	粉墙黛瓦、亭台楼阁、假山、流水、曲径、梅兰竹菊等。	浑然天成，幽远空灵，以黑白灰为主色调。在造园手法上，讲究传统园林“崇尚自然，师法自然”，追求“虽由人作，宛自天开”，在有限的空间范围内利用自然条件，模拟大自然中的美景，把建筑、山水、植物与设计的环境有机地融合为一体。此外，在造园上还常用“小中见大”的手法，采用障景、借景、仰视、延长和增加园路起伏等方法，利用大小、高低、曲直、虚实等对比达到扩大空间感的目的。充满象征意味的山水是庭院最主要的组成元素，然后才是建筑风格和花草树木。	
日式庭院	奇石、石灯笼、洗手钵、仿水的砾石、篱笆、树形优美的红枫、松树或其他杂木等。	素材质朴，用抽象的手法表达玄妙深邃的儒、释、道法理。就其艺术风格一般分为：筑山庭和平庭、枯山水和池泉、茶庭、坐观式、舟游式、回游式。日式风格相对来说是比较适合一般家庭选用的，它占地较小，易布置，所需要的材料如置石、洗手钵、石灯笼、砾石等都很容易买到且价格不贵。	
英式庭院	疏林草地，花卉植物，雕刻精细的欧式园林家具常配以各色的优雅布艺。	设计上讲求心灵的自然回归感，给人一种扑面而来的浓郁气息。开放式的空间结构，内有弯曲的道路，自然的树丛，疏林下大量应用草坪、花卉。	
美式庭院	草坪、整型灌木、鲜花。	大气、浪漫、简洁，是对欧式风格的综合化和简约化。丰富的自然：森林、草原、沼泽、溪流、大湖、草地、灌木、参天大树，构成了广阔景观，美国人把它引入自己的生活中，同时要把它引入城市甚至建筑中。	

法式庭院	整型的植物，法式廊柱，雕饰精美的花器，园林家具及雕塑。	布局上突出轴线的对称，恢宏的气势。	
意大利式	台地、雕塑、喷泉、台阶水瀑、整型植物。	由于意大利半岛三面濒海，多山地丘陵，因而其园林建造在斜坡上。在沿山坡引出的一条中轴线上，开辟了一层层的台地、喷泉、雕塑等，植物采用黄杨或柏树组成花纹图案树坛，突出常绿树而少用鲜花。	
地中海式庭院	开放式的草地，精修的乔灌木，地上、墙上、木栏上处处可见的花草藤木组成的立体绿化，手工漆刷白灰泥墙，海蓝色屋瓦与门窗，连续拱廊与拱门以及陶砖等建材。	地中海颜色明亮、大胆，丰厚却又简单。重现“地中海风格”就要保持简单的意念，捕捉光线，取材天然。以地中海地区的地域划分，“地中海风格”大致有三个典型的颜色搭配（见上面文字分析）； ①蓝与白色； ②黄、蓝、紫和绿色； ③土黄及红褐色。	
现代国内外庭院	以简单的点、线、面为基本构图元素，以抽象雕塑品、艺术花盆、石块、鹅卵石、木板、竹子、不锈钢为一般的造景元素，取材上更趋于不拘一格。	这类庭院大胆地利用色彩进行对比，主要通过引用新的装饰材料，加入简单抽象的元素，庭院的构图灵活简单，色彩对比强烈，以突出庭院新鲜和时尚的超前感。景观元素主要是现代构成主义风格，庭院中的构筑形式简约，材料一般都是经过精心选择的高品质材料。	

1.2 庭院花艺环境设计程序

任何事物从开始到形成都有它的客观过程，庭院花艺环境设计也是一样。同时，对于花艺环境设计师而言，完善的设计流程有助于资料和思路的组织，给设计提供有条理的方法，并能帮助设计师解释方案，方便业主和设计师之间的沟通。设计流程一般包括以下几个阶段：会见客户、签署合同、基地资料记录与分析、客户需求信息的记录与分析、方案设计、扩初设计、施工图绘制、施工、竣工图绘制、维护、评价。

1.2.1 会见客户

这个过程主要是增加设计方和客户之间的了解。对于客户而言，他们需要了解公司的设计能力和公司实力方面的情况，对于设计方而言，需要了解客户的需要，并负责对客户介绍公司情况及推荐合适的设计师给客户。这个过程对后期双方达成合作意向往往起着决定性的作用。

1.2.2 签署合同

设计师在签署合同前是不应该进行任何实质性工作的，因为不受法律保护，与客户还没有真正形成委托关系，一旦业主最终拒绝签署合同，设计师前面的工作就变得毫无意义，而造成了时间及精力的浪费。

合同的签署一般有以下几个步骤：形成合同(内含服务内容及工作计划)并提交业主；给客户解释合同内容及取费依据；和客户就合同达成一致意见；签署合同。

合同内容一般包含：服务对象的名称和地址，工作范围，各阶段应提交的成果及相应的提交时间，费用、支付方式及各阶段费用的支付时间，双方义务与权利，纠纷解决方案，甲乙双方的地址、名称、电话及其他联系方式。

1.2.3 基地资料记录与分析

这是设计工作的准备阶段。在这个过程中，收集和评价一些必要的资料，从而为其后的设计提供背景资料。花艺环境设计师必须亲临现场，对基地现状(周边环境、建筑风格、基地尺寸、土质、水质检测、室内环境、现场植被图示、现场地面设施图示、气候条件等)进行测量和记录，即使业主提供了详细的图纸，这个步骤依然非常重要。设计师的另一个任务就是增强对现场的感性认识。测量和分析完成之后，应该形成图纸和分析文字，方便设计师查阅和比照。

基地资料调查的主要内容如下：

气候和小气候　收集的信息主要将影响到植物的设计。首先记得标出南北方向，明确表明庭园的方向；其次园中的光线会影响庭园局部的位置及功能，特别是当在庭园中或外面有一些高的物体，它们投下的阴影是会产生影响的，并随季节的变化而变化。要解决高层建筑和被遮挡物体的问题，可设置防护结构和改变植物品种，还可选择隐蔽的地方作娱乐之用；再次寒风使人感到不舒服，还会摧毁幼嫩的植物，所以要注意标注，以便设计中在适当的位置设防护网或种植抗寒植物。

土壤类型和理化指标　用简单的土壤测试工具测试泥土的酸碱度，它能帮助了解土壤中能种植什么植物，如喜酸的石楠属、杜鹃花属植物，在碱性土壤上就会生长不良。可以在园艺用品商店买到简单检测器来测量庭园中土壤的pH值。应特别关注周围长势较好的植物。

要让设计中的植物生长良好，就要有好的立地条件。一般说来，植物应该选择适合的土壤结构。在建房的过程中，原土壤已经被移走，或被来自于其他地方的土层所代替，是不利于植物生长的，谨慎的施工应是回填足够多的表层土以帮助庭园的建设。在任何一个新庭园中都要准确地检查土壤，而不是依靠表面的观察。可以根据相关书籍来确定园土的结构，如黏土、砂土、淤泥、腐殖质等，便于制定土壤改良的方法。

在空地上新建一个庭园，只要没有过多的限制，就可以或多或少地加入业主的个人爱好。如果园中已栽有植物，我们应该把它们记录下来，并标出它们在园中的位置。稀奇的植物会在一年中的不同时间意外地长出来，而这就可能成为影响种植规划的重要因素。有时候，人们会想铲除原有植物，自己重新栽种，但最好的办法是，等上一个季节，让一些长势不好的灌木或乔木逐渐自然淘汰。注意：一个经过仔细考虑的植物配置方案能避免再次移动植物，这对植物的生长来说是件好事。

总之，前期基地调查的关键是设计师与业主一起感受小庭园的环境。掌握了所有这些有关庭园的情况，就能建造与众不同的、反映业主个性的小庭园了。

开始设计小庭园时，做全方位的图片记录对设计是有帮助的。把这些图片钉在大图板上组成一个全景图。这对改动房屋、庭园和做一个新的庭园设计有很大的帮助。在随后的设计过程中，图片也可进一步检验设计想法的视觉效果，并提供庭园各要素间确切的相互位置。在图片上盖上复写纸，就可以描绘多种选择，如不同的树型、道路或拱门、花棚，从而决定哪一个看上去更好一些。注意图片拍摄时，最好应在正常的站立或坐下的高度拍摄，因为这是人们最常观看、欣赏庭园的高度。

用照片记录现场资料是一个很好的方法，尽量多拍一些，它至少有以下四个作用：第一，对于周边环境、建筑风格，文字无法完全记录准确的部分可以用照片来补充；第二，当你对某一部分的现场情况记忆模糊时，你可以凭照片找到正确答案，而不必浪费时间和精力再跑到现场；第三，可以为制作效果图提供帮助，使它更为贴近现实，多次反复地看照片，也有利于设计师进一步了解基地，并激发更多灵感，使设计更趋完美；第四，作为存档。随着现场建造的进展，现场每天都在变化，以前的景观将不复存在，照片可以提供良好的参照，甚至发现某个工序所存在的问题。不管是对于设计师还是业主，建造前，建造中，建造完成后，养护一个月后，养护一年后，这种代表不同阶段进程的照片都将会非常有意义。在基地调查期间，大部分信息都是通过在基地内实地踏勘和仔细记录获得的，而这些通常需要在基地图上做标记而反映出来。

规划合理的室外空间能与周围环境相互融合，吸收周围美景，充分利用被忽略的角落，并巧妙地隐藏华而不实和瑕疵之处。最好用一年的时间来体会庭园的环境，这样就能观察到一年四季中阳光的变化，了解主要的风向，把握什么植物在什么季节生长。掌握庭园的优点和不足之处，这些会成为设计庭园的基础。

其次，最重要的、常常被忽视的是室内与室外空间的联系，也就是庭园与住宅的位置关系。它是否就在落地玻璃门或推拉门的外边？它是否是在地下室的一边，通过狭窄的楼梯可以到达？或它是不是在住宅的侧面通向房后的开阔地？这些将对通道的修建产生极大的影响，而且几乎将决定周围环境的建筑材料、色彩和植物的选择。

在进行基地分析前，会从基地调查中和基地测量时获得大量的信息，下面就是基地信息包含的全部内容，但并不是所有的条件对每个庭院设计项目都是必要的。综合运用这些信息，才能对庭园进行合理的分析，在设计时才能因地制宜。基地现状资料调查的主要内容如下表所示：

表6-2 基地调查内容表

内容	详细内容
1.需要确定的项目	确定整个基地内不同地区的缓坡坡度（坡度清单）；
	确定潜在的腐坏的和排水不良的区域；
	确定内部和外部沿着房屋地基的高差变化，尤其是在门口处；
	确定在基地的各种区域的休闲步行道（这也决定相对的坡度）；
	确定从顶部到底部的踏步、墙体、栅栏等的高差情况。
2.给水、储水和排水	(1)决定储水池位置及储水时间。
	(2)确定给、排水方向：从房屋向各个方向都能排水吗？水从落水管排出后流向何处？
	(3)确定基地内的排水位置和怎样排出基地，如是否有基地外水源，如果有的话有多少、在哪、何时？当它离开基地时流向哪里？
3.土壤	(1)确定土壤性质（酸碱度、有机和无机营养状况等）；
	(2)确定表土的深度厚度；
	(3)确定土壤岩层的深度。
4.绿化	(1)确定并标明现有绿化植物种类及位置；
	(2)确定植物哪方面比较合适，如植物种类、尺寸（胸径，分枝点，冠幅）、形式、颜色（花和叶）、密度、明显的特征和特点；
	(3)确认全部的环境条件、重要性、潜在用途。
5.小气候	(1)确定在一年内日出、日落的时间不同位置及方位（例如，1月、3月、6月、9月）；
	(2)确定在一年的不同季节和一天的不同时候，不同的太阳高度角；
	(3)全年或全天中这里大多数时间是阳光明媚还是阴雨绵绵；在夏日下午，哪些地方是暴露的，哪些是有遮蔽的；可以暴露在温暖冬日下的地方；
	(4)确认在全年的盛行风向；确认夏日凉风能吹到哪些地方；确认哪些地方暴露在冬日寒风中；
	(5)确认在冬天冻土的厚度。

6.现有建筑	(1)确认房屋类型和建筑风格；
	(2)确定正立面的颜色和材质；
	(3)确定窗和门的位置；对门，确定开启方向和使用频率；对于门和窗，要确定它们的顶部（楣）和底部（槛）的高度；
	(4)确定内部房间的功能和位置；确定哪个房间是经常使用的；确定地下室的窗户和它们下陷的深度；
	(5)确定外部设备的位置，例如雨水管、水龙头、电源插座、住宅的灯光、电表、煤气表、衣服的烘干排气孔、空调等；
	(6)确定悬吊物位置并标出它们之间的距离和他们在地面上的高度。
7.其他的现有构筑物	确定现有步行道，地台、踏步、墙体、栅栏、游泳池等的条件及材质。
8.公共设施	(1)确定公共设施的位置（水、煤气、电线、电话线、电缆、排水沟、化污池、过滤池等），这些公共设施能够带来便利吗？有电话线和电线的接线盒吗？有控制阀吗？
	(2)确定空调和热泵的高度和位置，哪个方向是进风口，哪个方向是排风口。
	(3)确定给水的设备与公共设施相连接的位置；如果当地有灌溉系统，也要获得它的资料。
9.景观	注意从基地内到基地周围所能看到的所有景象，如在不同的季节景观是否发生变化；从室内向室外望去的景观；从基地外看基地内（从街道和从基地的不同方向都是这样）；基地内哪里是最好的景观，哪里是最坏的景观。
10.空间和感觉	(1)确定室外空间的范围和位置，确定地面、墙体、天花的材质；
	(2)确定这些空间的感觉和特点（开敞的、封闭的、明亮的、轻快的、黑暗的、幽暗的、兴奋的、休闲的等）；
	(3)确定令人愉悦的声音（鸟鸣、汽车噪声、孩子玩耍、树叶的沙沙声等）；
	(4)确定好闻与难闻的气味。
11.现有基地的功能和问题	(1)确定基地内不同区域的使用时间和使用方式；决定一些日常活动发生的位置，例如，每天的离家和回家的路线、外部休憩、花园、工作区等；
	(2)确定环境的主要问题（维护不好的草坪、在人行道边缘被踩坏了的草坪、由于使用频繁而破坏的草坪、疏于除草的草坪、破碎的铺装等）；
	(3)确定冬季雪堆积的位置。

1.2.4 客户需求信息的记录与分析

这个过程主要是了解客户信息，这些信息包括：家庭情况；客户的需求和愿望；客户对基地的理解；客户的生活方式和性格特点；通过照片或书籍了解客户对景园的理解(这些照片或书籍可以是客户的，也可以由设计师提供，用设计师或设计公司以往的工程实例也是一个好办法。对于风格和效果，解释起来用图片的效果要远胜于用语言)以上的客户信息应在设计中反复比对，使设计符合客户的需求。

1.2.5 方案设计

方案设计，是在调查场地基本情况，再与业主沟通之后才开始的。这个阶段往往是在提炼出场地精神，综合甲方的要求和自己的一些想法而得到的。一个较好的方案，首先要满足功能、形式和意境的要求。方案设计往往要经历与业主沟通的多次改稿，最后才能确定。

在方案设计的过程中，有几个原则一定要记住：建筑、室内以及大环境协调统一的原则；紧密结合客户信息，人本关怀的原则；功能性原则。依据人的活动规律指导景观空间的营建，提高空间的功能有效性，提高使用率，管线暗埋，配套齐全，并完整考虑庭院灯、景观灯、给排水、背景音乐等设施的设置。

做方案设计时，在确定好功能分区之后，就要进行平面设计，平面设计应遵循统一、秩序、韵律的原则；平面设计的构成手法一般有以下几种：重复、对称、平衡、放射、套叠、相接、重叠、透叠、结合、差叠、减缺、密集、分离等。

1.2.6 扩初设计

完成方案设计并和业主达成一致意见后，就可以开始扩初设计和施工图设计了，通常在这两个过程中还会发现一些问题并对方案进一步优化。值得注意的是，整个的设计过程要施工人员和预算人员配合反复地进行成本的控制，这样才可以在客户提供的预算内完成最终的设计，用好预算内的每一分钱。

1.2.7 施工与维护

在这里建议施工尽可能请与设计同一公司进行，因为施工中会出现一些无法预见的问题而造成施工不能顺利进行，或者因为施工方的理解错误而直接降低景园的设计品质，而同一个公司的设计师可以亲监现场，和施工人员有密切的沟通，便捷地解决施工过程中的问题。或和设计师再签一份监理合同，定期到现场，以确保设计的效果。

一个设计即使很好地实施到施工完成，如果没有定期的维护和保养，也不能以很好的形态保持下来，会使设计大打折扣。要做好维护和保养，必须要做到以下三点：维护人员必须精通相关的知识和技能；设计师要把设计的意图详细地传达给维护人员及业主，并形成图文维护纪要交给业主，以供查阅(包括设计效果示意图及植物、构筑物、水电等方面的维护常识)；设计师定期回访。

1.2.8 评价

做任何事情都要尊重客观规律，在景园设计中，自然的规律尤其需要尊重，这些自然规律包括：风、阳光、雨雪、季节、植物的成长等。景观设计必须要认识和找出基地中存在的自然规律，并与之相结合，改善活动空间的小气候，提高实用性，并使园景更容易维护。

每块基地都有自己的小气候。这是由基地所处的方位，住宅的位置，住宅的朝向，住宅大小、形状、地形，现有植物，铺装材料等特定的条件所决定的。虽然每块基地不同，但一般的基地都有一些共同的规律可以找出来，这就是自然的客观规律。

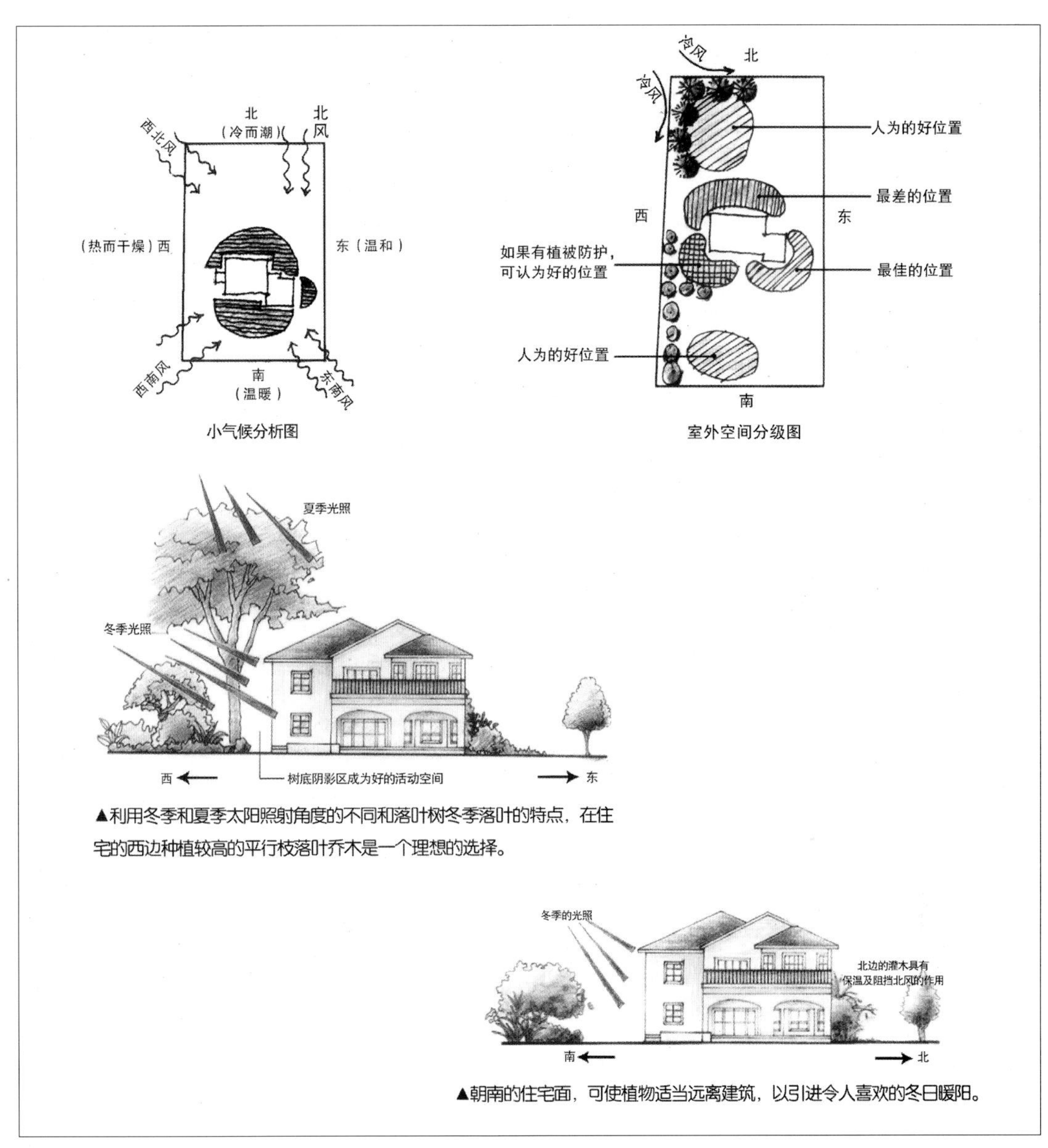

图6-1 基地气候环境条件分析示意图

住宅东边的特点：温和舒适，早上有光照，午后则有阴影，能避免吹到西风，适合种耐半阴的植物。

住宅南边的特点：日照最多，夏季的早上和傍晚有阴影，冬天日照充分，最为温暖舒适，能避免吹到北边的冷风，利于大部分植物的生长，但喜阴植物要注意遮阴。

住宅西边的特点：夏天热而干燥，冬季多风但午后阳光不错，午后阳光直射，早上处于阴影中，如果要使用西边的空间，必须在更西边采取遮阴措施来改善，适合较耐旱及耐热的植物生长。

住宅北边的特点：冷而潮湿，日照最少，冬天直接暴露在冷风中，即使是夏季，也不是舒适的地方，因为夏天北边的光照甚至超过南边，而冬天却总在阴影中，适合喜阴耐寒的植物生长。

园子大的话，有些区域则离房子很远，完全暴露在大自然中。对于这些区域，可以根据空间的需要利用植物及构筑物来营造宜人的小气候。比如用植物挡住西边的太阳及屏蔽西北风的侵袭。

1.3 庭院花艺环境设计的原则

直到最近，时尚潮流对庭院花艺环境设计的影响还不算太大，但毫无疑问有些风格已成为潮流。这种情况是由于媒体的宣传以及各种庭院展和剧艺中心的大量出现造成的。赶时髦是设计的大敌，因为它带来只是短暂的效果，而不是长远的、与不断变化的环境相适应的作品。灵感则不同，它可以在任何情况下产生，可能来自对庭院的全面观察，也可能来自电视节目。运用灵感来创作一个适合业主的环境，与抄袭他人为另一个环境设计的方案，是完全不同的。各种庭院风格不同是由于其主人性格不同。我们可以找到一百处形状、坡度等都一模一样的庭院，但它们的设计风格会因主人的不同需求而迥然各异。

庭院可以说是一个完全由主人控制的最大空间，人们在庭院中所享受的自由和随心所欲是令人痴迷和神往的。其中最出色的作品，不论是古典风格还是现代风格，都充满了动感与魅力。

1.3.1 美与审美原则

美是造园的主要要求。如果脱离了美，庭院便无从发挥其最大的效果。什么是美，历来各派的分歧很大，综合起来不外乎三种观点：一些人认为美首先存在于自然和生活之中，艺术只是自然美的一种反映，故自然美先于并高于艺术美。另一些人主张美是一种意识形态，自然美只有在艺术的目光中才能看出来。否则，纵有自然美也无法理解，故艺术高于和先于自然美。第三种见解是美既离不开物，也离不开人，主客观不可缺一。美是人这个主体根据客观具体事物进行创造和欣赏的对象。任何人都能审美，但不同的人，其审美能力或深度也有所不同。

如果说从“美不胜收”到“触景生情”而“情景交融”是审美的从初级进入到中级，则高级的审美又是“情景分离”的了。可以说批判审美所欣赏的实质，不在于庭院景物的本身，而在于对庭院设计的感受。

1.3.2 因地制宜原则

设计时首先要了解园主的意图并在设计中尽量采纳这些意图与设想。

园址的面积有大有小，地形、地势有整齐、平坦或起伏等的不同，要结合建园的目的、功能与经费等综合考虑。因地制宜是建造庭院的首要，设计必须联系园址才能事半功倍。

1.3.3 功能性原则

所谓功能是指庭院的布局与景点的设置（设景）能符合实用与便利。庭院是以人们的游憩为基点的，因此景物的设置应以满足游憩者的要求为前提。庭院及其中景物都必须符合尺度与比例的标准。在庭院设计中最首要的是设计方案能为园主或庭院的欣赏者所接受，设计方案在当地的环境条件下可行、便利和满足使用功能。

人们在游憩中，还会提出便利的要求。曲折的花坛、水池边缘道路的迂回，在小庭院中都有延长游览路线的效果，但做得过于浅露了，人们会因不利于游赏而产生嫌恶，以致穿越花坛或践踏草地，于是就会出现不遵循所设计的游览路线的秩序进行游览，使设计归于失败。

1.3.4 整体性原则

整体观点并非要求在一个庭院中具有一应俱全的功能，也不存在必须具备多少功能或多少景物才能符合一个整体庭院的概念。庭院凡能遵循局部，隶属于总体的规律，就是整体性。严格地说没有整体观点的设计，就不称其为设计，没有整体效应的庭院，就不称其为庭院。再则，在设计技术上，整体的达成也是达成美感的手段之一。所以整体观点也是庭院设计的主要前提。

所谓整体观点，景物的任一局部，都隶属于这一景物的总体。所以对景物某部的装饰，应该适可而止，过分强调某一局部而偏离了整体的后果是对整体的破坏。庭院中任一景物都是隶属于这庭院的整体的，景物在庭院中的地位，有主景、次景、配景与背景等的不同。只有作为主景的景物，才允许强调，其余景物的盲目加强，也是违反整体观点的。

1.3.5 植物生命性原则

庭院中，植物材料占着很大的比重。植物是生长的、是有生命的。

一是生命的一次性与不可逆性。任何植物，无论珍贵与否，一旦失去了生命就不可能复活了。特别是珍贵的树种，设计其在庭院中的位置时，就要同时考虑到如何使其不受损伤及维护措施。

二是体量的不断增长。植物经定植之后，体量仍在逐年地扩大与增长，即使是用成年树作为材料，也是这样。在一般的情况下，以幼树的体量来决定定植的距离，日后必然会造成拥挤，树形、树姿得不到发挥或侵入到路面、花坛之上。

三是树木的成型。行道树和许多乔木，都要在定植后的若干年内，经不断地修剪才能成型。在未成型前的稀疏感觉是必然的，除非在每两株幼龄树木之间配上成长迅速的暂时树，到永久树成长之后再行删除。绿篱、模纹花坛等景物是要在定植之后整形的，而且要每年有多次的整形才能维持。

四是观花与色叶树木的成熟。花灌木和色叶树木在定植初年的稀疏、开花不盛与色彩不显是必然的。如果在早期密植了，则到成长期时就需将部分间伐。

1.3.6 创造性原则

庭院花艺环境设计有继承、借鉴、模仿与创造等许多途径。其中继承与借鉴都是属于模仿性质的。但绝对的模仿是不可能的，也是没有必要的。由于条件的限制，模仿、借鉴与继承都不会同原样完全一致，经过一番取舍抉择，取舍抉择之处就成为创造的开端，并具有创造的实质。没有模仿的基础，凭空的创造，事实上是不存在的。继承、借鉴、模仿、发挥与创造，至少在庭院设计上是不可分割的，也是不可偏废的。

1.4 庭院重点区域的花艺环境设计

在庭院设计中，如何把握空间是十分令人关注的问题。而庭院空间的把握本身与室内空间设计有着类似之处。当我们在室内各房间和各区域间走动时，会觉得开放式的空间更为合适和舒适。就空间而言，如何分割是无关紧要的，重要的是如何使人在空间中时时有所发现，产生好奇。这个问题的关键是如何创造出使人感兴趣的景点。如果我们进入一个庭院，园内景色一览无遗，那我们最终会对它感到乏味。但是，如果浏览庭院时，不管它面积多么小，它能时时向人们呈现出一系列独立的景点，那我们就会享受到一种全新的感受，尽情体验经典的紧张、神秘和惊奇。下面我们通过一些实例来看看庭院空间环境的装饰设计效果。

1.4.1 庭院大门花艺装饰

一个设计成功的庭院一年四季都会对人产生诱惑。这主要取决于对室外景色的处理以及住宅与庭院空间的衔接。大门是迎接客人的地方，可以说是一家的脸面，根据季节的变化来装饰大门，可以创造一个充满魅力的大门。

图6-2 庭院大门花艺装饰参考图片

对称种植给人清爽感觉，草本花卉在大门两边种植，显示出一定的不规则的对称，以白花的白菊为重点花卉，构成一幅和谐的图画；巧设支架，丰富大门景观，巧妙地利用铁制支架，构造出一幅有层次的非常协调的庭院画，再搭配“欢迎光临”的文字牌，温馨庭院角落就形成了；植物装饰，覆盖了外墙的盆栽藤枝和玫瑰、秋海棠等悬挂花篮等，华丽氛围中酝酿出一种恬静的气氛。

1.4.2 庭院大门通道花艺装饰

与大门的四周相同，从大门到院门的大门通道是家庭的象征，只要稍加些功夫，就能创造出神奇的空间。

铺装地面紧连住宅向外延伸，周围栽种低矮的香花植物，使人置身其中既能欣赏园中景色，又有置身世外的感觉，其乐无穷。

图6-3 庭院通道花艺装饰参考图片

大门通道花艺装饰景观:以修剪成半球形的常绿灌木，进行阶梯式种植；用秋海棠、牵牛花等一定数量的盆花摆放、加上篱笆墙上攀缘的铁线莲，更显得姹紫嫣红；各种颜色的三色堇使大门通道五彩缤纷，而且充分发挥台阶和悬挂花篮的立体效果。

1.4.3 庭院小径花艺装饰

多数庭院小径的地面主要是铺地。它可以使用石板、地砖、木板、沙砾、卵石或其他材料。值得一提的是，这是开支预算的一个主要部分，因此先确定这一部分的用料是必要的，因为出现差错是要付出昂贵的代价的。材料可分为两大类：天然的和人造的，一般来说前者最为昂贵。所以选择材料要慎重，应从住宅开始策划，确定一个主题。例如，古色古香的天然石地面可以很自然地过渡到庭院之中。人们常会碰到这种情况：住宅的风格和建筑本身就很有特色，但它与庭院却没有明显的衔接。在这种情况下，如果住宅是砖石建造的，就可以在室外露台上用砖石铺装。同样，如果住宅是木板建造的，则可用一座室外的木平台与之相配。

图6-4 庭院小径花艺装饰参考图片

植株较高的荷兰月季系的玫瑰园五彩缤纷，由于这些植株较高，基部略显单调，就可以用盆栽的迷你玫瑰作为遮挡；利用有高台阶样地形的院子（梯形庭院），栽种喜干的香草为中心，重心色彩选用虞美人来突出；花草在石块与石块间的缝隙间盛开，很可爱的白色小花和杜鹃花、东洋式与西洋式的花草有机地搭配，漂亮的小径就形成了。

1.4.4 庭院门廊四周花艺装饰

门廊四周也是庭院花艺环境设计的重点区域。“借景”是整个庭院不可分割的一个部分。不是每家每户都能有幸与美景相伴，如果园外的景色迷人，千万不要浪费。用花圃或精心栽种的小树把它衬托起来，把它定在园中。这种视觉控制的原则是十分重要的，因为开放的景色通常远不如精心圈出的景色那样引人注意。就好像一幅画在画布上看效果一般，但镶上画框后，它的效果就会更加突出了。

图6-5 庭院门廊四周花艺装饰参考图片

大门两侧对称的配置植物，对称均衡的美令人赏心悦目；没有空地栽植花草的门廊周围，利用各种盆花装饰成华丽的花坛，以黄色的引人注目的花草为重点烘托气氛；藤本月季配置于门廊附近最适宜，花开时节，浓香飘溢。

1.4.5 庭院围墙花艺装饰

图6-6 庭院围墙花艺装饰参考图片

繁茂大红的苏丹凤仙花傲立着，下面是紫色的山梗菜，上方是白色的绣球花，颇具引人入胜的个性；给人冰冷感觉的水泥院墙上，覆盖着繁殖力旺盛、枝垂叶茂的常春藤，生机盎然。

在大多数狭小的庭院里，围墙通常是最显眼的地方。尽管有些庭院采用高围墙，但大部分的庭院围墙都比较矮，一般不超过2m。在这种情况下，便会与邻居的庭院隔墙相望了。有时枝叶会越墙而过，你不必费力把它们剪去，而完全可以加以利用。你可以栽种一些类似的植物，如有可能还可以让它们长得更加繁茂，遮在围墙，使两个庭院自然地融合在一起。庭院越小，遮挡或淡化围墙界限的好处就越多。如果你能使两个相邻庭院的界限不分彼此，那么两个庭院的面积都会显得更大。

1.4.6 庭院窗台花艺装饰

植物在选择上既要美观，具有装饰作用，又要株型矮小，这样才能在狭小的窗台上放得下，也不影响窗户开启和采光。可以选择月季、石榴、半支莲、蟹爪兰、仙人球、天竺葵等，两侧可以选择金银花、茑萝、牵牛花等攀缘的观花植物，观叶植物则可以选吊兰、文竹、金丝草等，而不宜选择那些株高叶大的植物。容器：容器的选择应与所选择的植物相称。一般选那些比较精致、透气的瓷盆，或是那些自己制作精巧、多样的木箱等。基质：参考花卉医院中的花卉基质。其他：除了以上的元素还应有的一些辅助元素如：支架、吊杆、木螺丝等。

图6-7 庭院窗台花艺装饰参考图片

雪白的墙上配上各种色彩鲜艳的天竺葵，相映成辉，最值得欣赏的是所有的窗台都覆盖着很有气势的鲜花；用麦秆菊等叶色美丽的植物，集中种植于木箱中，豪华气氛油然而生。

1.4.7 庭院建筑外墙花艺装饰

单调的建筑物外墙壁上，独具个性的各色植物相映成趣。如果不是木质建筑，则可让攀缘性植株直接攀缘其上，颇具风格。

图6-8 庭院建筑外墙花艺装饰参考图片

外墙壁被常春藤覆盖，窗台上以红色和粉红色的天竺葵装饰，这些鲜艳的花色与绿色形成鲜明的对比；外墙壁以常春藤等攀缘性植物覆盖，一眼所见赏心悦目，还可用以防寒防暑；攀缘植物中广受欢迎的紫藤爬满外墙壁；初夏盛开的紫藤和月季等，能给外墙壁增添色彩。季节性变化多彩的植物尤为珍贵。若以常春藤的绿色为基色，冬天也充满生机。

1.4.8 庭院木质台阶花艺装饰

住宅与庭院连接的木质台阶，是与自然接触的场所，与木板的自然风味相适应，可以利用花盆或悬挂花篮等。

图6-9 庭院木质台阶花艺装饰参考图片

台阶周边镶边式种植矮牵牛和常春藤，与倾斜的花坛相适应，给露台赋予古典的风格；台阶上排列着的紫色花卉和白色的牵牛花，以山梗菜和紫色的薰衣草为上品。

1.4.9 庭院露台花艺装饰

各种砖块铺砌而成的露台，是摆放盆栽花卉的最适场所，能够人为创造最佳的庭院花艺。

图6-10 庭院露台花艺装饰参考图片

露台采用古色古香的砖块砌筑而成，独具特色，小小的空间令人赏心悦目；充分体现绿色而集中摆放构成优雅的露台，给人以英伦风格的印象。

2. 庭院花艺环境设计施工案例

2.1 案例一：中式庭院花艺环境设计施工

设计之初，对现场进行分析。同样地，先理顺功能和交通关系之后，按照业主的需求，在进大门处布置两个停车场。在别墅的东侧院有一块相对独立的较长窄地，布置一块大草坪，为庭院的主要观赏景点和游览区。

图6-11 中式庭院花艺环境对象前后对照图

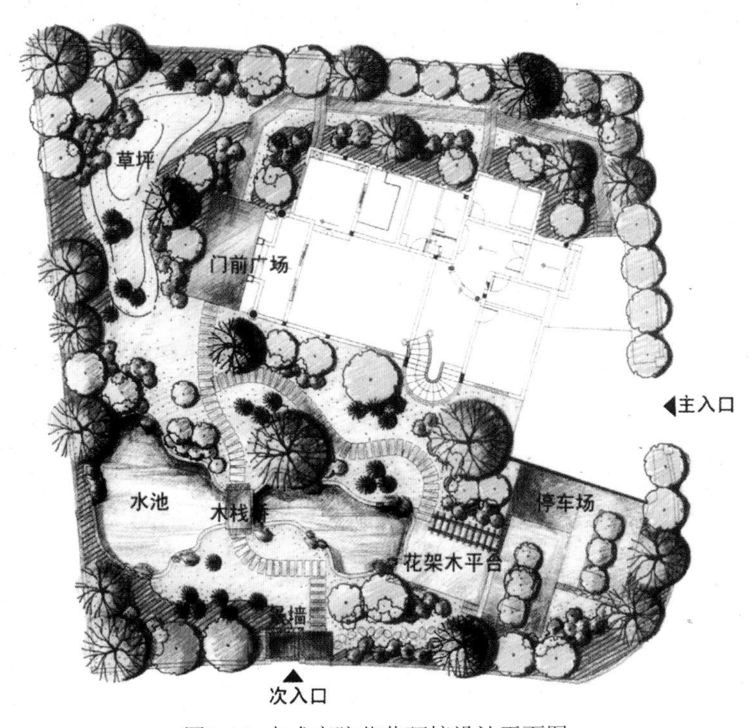

图6-12 中式庭院花艺环境设计平面图

漂亮的小溪湖面，总能吸引我们的目光，让我们驻足停留。因而，结合溪流设置带花架和景墙的休息平台，与小桥流水形成对景，是一个不错的选择。

2.1.1 庭院重点区域的设计施工

主入口：位于主入口的停车场和水池是一个亮点。业主想要一个小溪潺潺、充满生机的休闲娱乐空间。因而，打造了一个曲线形的人工溪流湖泊。运用现有的造园技术实现人工溪已经不再是什么技术难题。为了增加亲水性，考虑把小桥和次入口结合，使其成为连通后院和次入口的必经之路，给每次的出发和归来裹上美景带来的愉悦。

图6-13 庭院水池施工流程

观赏水池景点：从次入口进来，绕过景墙，在满眼的翠绿背后豁然开朗，一汪清澈的池塘携着美丽的睡莲和活泼的鱼儿正迎你过去；在景墙后面池塘上架了一座小桥，拉近了人与水之间的距离。为了更加安全，使人们更容易凭栏而看，在木架一边布置一个可以入座的宽扶手栏杆。

图6-14 庭院观赏水池景观效果

铺装休憩景点：从小桥往木平台望去，水从水池边上的竹管缓缓地流出，鱼儿欢快地游向出水口，尽情享受大自然的馈赠。精心设计的杉木平台花架小品浮在水池边上，与小桥形成对景，将小桥流水人家的山水园林移天缩地于小庭院中；停车场前面的毛石挡土墙后面，是通过抬高了几个台阶而形成的木平台。木平台架高后，不仅丰富了空间层次，同时也保护了木平台，使其免受地表水的侵蚀。木平台西侧的花架，可以在夏日为平台提供良好的小气候。

图6-15 庭院休闲平台和花架小品

植物配置：大门前面植有桃花，在这里，春时桃花浪漫，夏时硕果累累，文化浓厚的树种大大丰富了庭院景观；入口采用嵌草式铺砖，并且布置了一些花盆桩景，增加了生态性；在别墅客厅入口对面、别墅的边缘处配上芒果、桃树，向内点缀几棵苏铁和香味浓郁的栀子花球。春天，桃花浪漫，到了丰收季节，桃子多到吃不完，现采的水果是待客的上好食品。转过屋角，是屋后的一条通向大门入口的砾石路。路两边以枕木压边，靠屋的一侧，种满了西红柿。靠花园外缘一侧，则修竹为篱，装点小路。漂亮的三角梅桩景和四季秋海棠，在路口营造热闹的欢迎气氛。

图6-16 中式庭院花艺环境植物配置效果

2.1.2 自然式水池施工

水池的施工是技术难点，池底的稳定性则是关键。定位和放样好后，开始往下按池形挖土，夯实底层素土，做碎石基层。接着，在水池的边缘位置砖砌水池模型(也可使用木模，模具待水池做好后如有需要均可以从外围拆除再利用)，然后布双层双向钢筋网、倒混凝土、抹面、做防水及防水保护层，最后根据美学用植物和置石装饰池塘。

注意事项：一是各程序结束后都必须做相应的保养程序，并做好水池的管网布置和净化处理设施的布置工作，为以后水池维护做好准备。当然，也可以使用衬垫薄膜的方式用来建造水景，特别是自然式水景，此方法简单易行；二是有大置石的底部应事先局部加固，以防沉降。加固的方法可以采用混凝土基础或加上碎石灌沙层。池岸装饰的卵石要大小拉开距离，坐卧错落，并留出植物的空间，使岸线看上去更为天然；三是对于要求较深的池塘的开挖最好分层进行，形成台地，既有利于后期的装饰，减少水量，不影响水深，又能起到安全缓冲的作用。

第九步	在第1层砖上铺一层灰浆，第2层的第1块砖摆在下面一层的两砖中缝之上。接着砌第2层砖。每一次都用瓦刀轻轻敲击砖，使其到位。	
第十步	现在把最上而一层台阶的土整理平坦。把铁锹的尖端插入土中，轻轻地来回拨土，弄平表面，使其稍稍低于砖的顶部表面。您可能需要用加土或减土的方法来弄平表面。	
第十一步	下一步，用5份粗砂和1份水泥拌和出粗灰浆。拌和时，加足水，使灰浆正好能不沾瓦刀。把灰浆铲入水桶，倒在平整好的土地上。以砌砖的顶部作为基准，用泥抹子把灰浆铺在整个台阶上，铺成约2.5厘米厚的一层平坦的灰浆。	
第十二步	为利排水，灰浆从台阶的顶部稍稍倾斜下来。取来气泡水准仪，一端放在砖上，另一端放在台阶背上的灰浆上。阶背上的灰浆应该稍高，添减灰浆以达目的。	

第十三步	轻轻把方砖摆在灰浆上，暂时给方砖定位。要让第1排方砖的边沿超出下面的砖基5厘米，而且均匀摆放。以第1排为基准，摆放第2排，每一块方砖正对第1排的中缝。继续摆放，直至摆完。	
第十四步	当您对自己的布局满意后，小心地从灰浆上拆起每一块砖。您会发现方砖在灰浆上留下压痕，您可利用这个作为正式铺设时的标线。	
第十五步	把一些拌好的灰浆铺在台阶上以铺设第1块方砖，要让灰浆盖住下面的砖基。把第1块方砖压放在它的压痕之上，记住它的边沿要超出砖基。然后，用橡皮锤轻轻敲击方砖表面，使其在灰浆中粘牢。铺上更多的灰浆，把第1排其他方砖照此铺好。	
第十六步	当你铺设第2排方砖时，要让它们稍稍向下倾斜一点儿，把气泡水准仪放在方砖上测量，必要时用橡皮锤敲击使其倾斜。继续铺设后两排方砖，并用气泡水准仪测量每一排的斜度。	

第十七步	现在方砖已经铺好，每排的边角和尽头地方可用卵石填充。捧一把卵石，把它们撒在灰浆中，轻轻按压进去，灰浆凝固后，卵石就固定住了。	
第十八步	操作时要特别小心，不要踏在第1层台阶上。第2层台阶照前办理。记住使用气泡水准仪来测量，使阶面稍有所下斜，以利排水。	
第十九步	在两层台阶都完工后，砖层中的灰浆正在凝固。现在可以剔除砖缝中多余的灰浆。取一根棍子，不要挖得太深，沿水平砖缝轻轻拉动，每端多拉出1.25厘米。其他砖缝照此制作。然后，把超出砖基的第1排方砖下面的空隙填好。	
第二十步	现在把步骤3中留下的一桶泥土取出。用筛子除去土中的石块，并粉碎大块土块。	

第二十一步	用泥铲作量器，将8铲土和4铲粗砂混和在一起。	
第二十二步	用泥铲把和好的砂土摊开，均匀地在上面撒一些麝香草籽，用泥铲把砂土与草籽混和。	
第二十三步	下一步把混和好的砂土用泥铲撒在方砖的砖缝上。用一把毛刷把砂土扫进砖缝，用毛刷将砖缝中的砂土拍实。	
第二十四步	砖缝填好后，把土扫到下一层台阶上，用毛刷如前把砂土扫进所有砖缝。把剩余的土扫掉，注意不要让砂土积在卵石周围。	

计 划 单

学习领域	花艺环境设计		
学习情境6	庭院花艺环境设计与施工	学时	32
计划方式	小组成员团队合作共同制定工作计划		
序号	实施步骤	使用资源	
1			
2			
3			
4			
5			
6			
7			
8			
9			
10			
制定计划说明			
计划评价	班级：	第　　组	组长签字：
	教师签字：		日期：
	评语：		

决 策 单

<table>
<tr><td>学习领域</td><td colspan="7">花艺环境设计</td></tr>
<tr><td>学习情境6</td><td colspan="5">庭院花艺环境设计与施工</td><td>学时</td><td>32</td></tr>
<tr><td colspan="8">方案讨论</td></tr>
<tr><td>方案对比</td><td>组号</td><td>经济性</td><td>美观性</td><td>创新性</td><td>可行性</td><td>完成性</td><td>综合评价</td></tr>
<tr><td></td><td>1</td><td></td><td></td><td></td><td></td><td></td><td></td></tr>
<tr><td></td><td>2</td><td></td><td></td><td></td><td></td><td></td><td></td></tr>
<tr><td></td><td>3</td><td></td><td></td><td></td><td></td><td></td><td></td></tr>
<tr><td></td><td>4</td><td></td><td></td><td></td><td></td><td></td><td></td></tr>
<tr><td></td><td>5</td><td></td><td></td><td></td><td></td><td></td><td></td></tr>
<tr><td></td><td>6</td><td></td><td></td><td></td><td></td><td></td><td></td></tr>
<tr><td>方案评价</td><td colspan="7">评语：</td></tr>
<tr><td colspan="2">班级：</td><td colspan="2">组长签字：</td><td colspan="2">教师签字：</td><td colspan="2">日期：</td></tr>
</table>

材料工具清单

学习领域	花艺环境设计					
学习情境6	庭院花艺环境设计与施工				学时	32
项目	序号	名称	数量	型号	使用前	使用后
所用工具	1	图板	1			
	2	丁字尺	1			
	3	比例尺	1			
	4	三角尺	1			
	5	马克笔	1			
	6	圆模板	1			
	7	水桶	1			
	8	组合直尺	1			
	9	铁锹	1			
	10	钢卷尺	1			
	11	气泡水准仪	1			
	12	手锤	1			
	13	抹子	1			
	14	砌砖瓦刀	1			
	15	横切手锯	1			
	16	直径3mm钻头	1			
	17	扫把	1			
所用材料	1	2号图纸	1			
	2	锯木杆	10根	长3.75cm，厚2 cm		
	3	螺钉	1套	3cm、3.75cm、5cm		
	4	篱桩盖	1个			
	5	木用防腐剂	1盒			
	6	木桩	40根	50cm		
	7	水泥砖	20块	24cm*24cm		
	8	碎石	25kg			
	9	水泥	25kg			
	10	砂	50kg			
	11	鹅卵石	5kg			
班级		第　　组	组长签字		教师签字	

实 施 单

学习领域	花艺环境设计		
学习情境6	庭院花艺环境设计与施工	学时	32
实施方式			
序号	实施步骤		使用资源
1			
2			
3			
4			
5			
6			
7			
8			
9			
10			
实施说明：			
班级：	第　　组		日期：
教师签字：		组长签字：	

评　价　单

学习领域	花艺环境设计				
学习情境6	庭院花艺环境设计与施工			学时	32
评价类别	项目	子项目	组内自评	组间互评	教师点评
过程性评价 60%	专业能力40%	工具操作能力10%			
		材料处理能力10%			
		方案表现能力20%			
	社会能力20%	工作态度10%			
		团队合作10%			
终结性评价 40%	作品美观性10%				
	作品经济性10%				
	作品创新性10%				
	作品完成性10%				
评价评语	班级：	姓名：	第　　组	总评分：	
	教师评语： 日期：				

教学反馈单

学习领域	花艺环境设计		
学习情境6	庭院花艺环境设计与施工	学时	32
序号	调查内容	是	否
1	您是否明确本学习情景的学习目标？		
2	您是否完成了本学习情景的学习任务？		
3	您是否达到了本学习情景对学生的要求？		
4	资讯的问题，您都能回答吗？		
5	结合案例分析庭院环境设计的流程。		
6	合同内容一般包含哪些？		
7	庭院设计时现场图片拍摄的意义及如何拍摄？		
8	庭院环境养护的管理过程中注意事项有哪些？		
9	请分析庭院室外空间环境的小气候条件。		
10	庭院环境设计原则是什么？		
11	庭院大门四周、大门通道、庭院小径、门廊四周、院墙四周、窗台、外墙壁、木质台阶、露台等设计特色如何体现？		
12	请结合实例谈谈国内外庭院设计的特点。		
13	庭院环境施工注意的安全措施有哪些？		
14	请结合某个庭院景观要素谈谈施工的步骤和方法。		
15	请举例说明庭院平面设计的构成手法。		
16	您是否喜欢这种上课方式？		
17	您对自己在本学习情景的表现是否满意？		
18	您对本小组成员之间的团队合作是否满意？		
19	您认为本学习情景对您将来的工作会有帮助吗？		
20	您认为本学习情景还应该增加哪些方面的内容？（请在下面回答）		
21	本学习情景完成后，您还有哪些问题需要解决？		

请写出您的意见和建议：

被调查人姓名：　　　　调查时间：

主要参考文献

1. 谢利娟. 插花与花艺设计. 北京：中国农业出版社，2007
2. 曾端香. 插花艺术. 重庆：重庆大学出版社，2006
3. 王立平. 基础插花艺术设计.北京：中国林业出版社，2006
4. 蔡仲娟. 高级插花员职业资格培训教材. 北京：中国劳动和社会保障出版社，2007
5. 梅星焕.家庭插花艺术.上海：上海科技教育出版社，2001
6. 朱迎迎.插花艺术.北京：中国林业出版社，2003
7. 王绍仪.宾馆酒店花艺设计.北京：中国林业出版社,2006
8. 王莲英，秦魁杰. 插花花艺学. 北京：中国林业出版社，2009
9. 吴龙高，诸秀玲. 花之舞婚庆花艺. 杭州：浙江大学出版社，2007
10. 阿瑛. 花艺课堂婚庆花. 长沙：湖南美术出版社，2008
11. 林庆新，叶丽芳. 实用花艺花车制作精选. 广州：广东经济出版社，2007
12. 蔡仲娟. 初中级插花员职业资格培训教材. 北京：中国劳动和社会保障出版社，2007
13. 劳动和社会保障部教材办公室组织编写. 插花员（中、高级）. 北京：中国劳动社会保障出版社，2004
14. 陈惠仙，刘秋梅. 会场布置精选. 广州：广东经济出版社，2007
15. 王绥枝. 高级插花员培训考试教程. 北京：中国林业出版社，2006
16. 吴龙高，应国宏. 花之舞礼仪花艺. 杭州：浙江大学出版社，2007
17. 刘若瓦. 丧礼花艺设计. 北京：中国林业出版社，2008
18. 张纵.园林与庭院设计.北京：机械工业出版社，2004
19. 叶徐夫,王晓春.私家庭院景观设计.福州：福建科学技术出版社，2010
20. 徐峰,刘盈,牛泽慧.小庭园设计与施工.北京：化学工业出版社，2006
21. 蒂姆纽伯里.花园设计圣经.大连：大连理工大学出版社，2007
22. 斯图尔特沃尔顿.庭院景致自己做.郑州：河南科学技术出版社，2003
23. 高野好造.日式小庭院设计.福州：福建科学技术出版社，2007
24. 中村次男.门廊庭院绿化装饰.南昌：江西科学技术出版社，2001
25. 奇普沙利文.庭园与气候.北京：中国建筑工业出版社，2005
26. 中国花艺论坛：http://www.cfabb.com/bbs/
27. 都市花艺论坛：http://www.dshyw.com/bbs/